"最美中国"丛书(第二版)

最美的鸟兽

莫幼群　著

合肥工业大学出版社

图书在版编目(CIP)数据

最美的鸟兽/莫幼群著 . —2 版 . —合肥:合肥工业大学出版社, 2017. 12

(最美中国丛书)

ISBN 978－7－5650－3776－4

Ⅰ.①最…　Ⅱ.①莫…　Ⅲ.①动物—介绍—中国　Ⅳ.①Q95

中国版本图书馆 CIP 数据核字(2017)第 325308 号

最 美 的 鸟 兽

莫幼群 著　　　　　　　　责任编辑　朱移山　张 慧

出　版	合肥工业大学出版社	版　次	2012 年 12 月第 1 版	
地　址	合肥市屯溪路 193 号		2017 年 12 月第 2 版	
邮　编	230009	印　次	2017 年 12 月第 2 次印刷	
电　话	总 编 室:0551－62903038	开　本	710 毫米×1000 毫米　1/16	
	市场营销部:0551－62903198	印　张	11.5　字　数　176 千字	
网　址	www. hfutpress. com. cn	印　刷	安徽昶颉包装印务有限责任公司	
E-mail	hfutpress@ 163. com	发　行	全国新华书店	

ISBN 978－7－5650－3776－4　　　　　　　定价: 32. 00 元

如果有影响阅读的印装质量问题,请与出版社市场营销部联系调换。

序

赵 焰

　　一直以为，中国传统文化的精髓，从时间上说，是在明朝之前的。明朝之前，占据社会主流的，是清明理性的孔孟之道。崇尚自然、游离社会的道学，作为主流思想的补充，与儒学一起"相辅相成""一阴一阳"，使得社会主流思想具有强大活力。从总体上来说，中国文化的源头，无论是周公、老子、孔子，还是后来的诸子百家，比如说孟子、荀子、庄子、韩非子、墨子等等，都对人生保持清醒、冷静的理性态度，保持孔子学说实践理性的基本精神，即对待人生、社会的积极进取精神；服从理性的清醒态度；重实用轻思辨、重人事轻鬼神的思维模式；善于协调，讲究秩序，在人伦日用中保持满足和平衡的生活习惯……中国文化的源头如此，决定了汉民族的心理结构和精神走向，包括汉民族理想追求、文化风格以及审美倾向。

　　中国文化在明朝之前，占据社会主流的，是高蹈的士大夫精神。最显著的表现在于：遵从天地人伦之间的道德，有高远的理想，讲究人格的修炼，反对人生世俗化，鄙视犬儒的人格特征。比如说孔子，从他的言语来看，更像是倡导一种人生价值观，追求人生的美学意义。又比如说庄子，他的学说，不像是哲学，更像是一种生活美学：道是无情却有情，看似说了很多超脱、冷酷的话，实际上透露出对于生命、本真的眷恋和爱护，要求对整体人生采取审美观照态度，不计功利是非，忘乎物我、主客、人己，以达到安详和宁静，让自我与整个宇宙合为一体。这种贯穿着士大夫精神的人生价值观，让人忘怀得失摆脱利害，超越种种庸俗无聊的现实计较和生活束缚，或高举远慕，或怡然自适，或回归自然，在前进和后退中获得生活的力量和生命的意趣。这就是中国历代士

001

最美的鸟兽

大夫知识分子一以贯之的艺术清洁精神。英国大哲学家罗素曾经说："在艺术上，他们（中国人）追求精美，在生活上，他们追求情理。"这是说到关键了。

中国人的生活哲学就是如此，一方面高旷而幽远，另一方面也连着"地气"，是自发的浪漫主义和自发的经典主义的结合。道家是中国人思想的浪漫派，儒家是思想的经典派。当东汉年间佛教传入之后，这种以出世和解脱为目的的宗教体系遭到了儒学和道教的抵抗，从而消解了印度佛教中很多寡凉的成分。经过"中庸之道"的过滤，其中极端的成分得到了淡化，避免了理论或实践上的过火行为。也因此，一种中国特色的佛教观产生了，佛教在中国更多变身为"生活禅"，变成一种热爱生活创造人生的方式。中国人一方面避免了极端的"出世"之路；另一方面，由于心灵的滋养、美智的开发，使得东汉魏晋，包括后来的南北朝、隋唐、五代十国以及唐宋元产生了很多高妙的艺术，"艺术人生"的观念也随之如植物一样葳蕤生长。可以说，这些朝代，是中国最具审美价值、最开人们心智、也最出艺术珍品的年代。也因此，很多艺术种类都在这个阶段达到了高峰，比如说唐诗、宋词、元曲、书法、绘画、音乐、舞蹈等等，它们洋溢着一种高蹈的精神追求，境界高远，洁净空旷，如清风明月，如古松苍翠。从审美上看，由于存有或明或暗的观照，存有人格与事物的交融，主题得到了提升，感悟与生命同在，境界与天地相齐，一种深远的"禅意"油然而生……从总体境界上来看，这一阶段的各类艺术形式，达到了各自的高峰。它们是最能代表中国文化精髓的。

中国的艺术精神到了明清之后，有低矮化的倾向。明清以后，由于社会形态的变化，专制制度进一步严酷；加上统治者出身和教育的局限，以及愚民政策的目的，整体文化和审美呈低俗化的倾向，社会和人生的自由度越来越窄，艺术的想象空间越来越逼仄，艺术作品的精神高度下降。随着"程朱理学"和科举制度的推行，人们的想象力、创造力被扼制，审美弱化，艺术更趋"侏儒化""弱智化"。大众普罗的喜好抬头，刚正不阿的风骨软化，崇尚自由、自然、提升的审美精神也在丧失。不过尽管如此，在明清时代的中晚期，那种崇尚自然、物我两忘的高贵精神仍时有抬头，一批有着真正艺术精神的独立艺术作品或有出现。尽管如此，士大夫精神已不是艺术美和生活美的主旋律，它只是一种空谷幽兰的生命绝响。

近现代之后，由于社会动荡，战乱连连，再加上西方现代化所导致的实用主义、功利主义的渗入，中国的文学艺术遭到了进一步摧残，传统的艺术精神更进一步沉沦。艺术的政治化倾向、实用主义倾向和世俗主义倾向抬头，这直接导致了真正的艺术精神缺失，艺术的品位下降，高蹈精神向世俗俯首，自然和自由变身为功利和实用，士大夫精神更是变身为犬儒主义。中国近现代上百年的屈辱和战乱，更使得中国自古以来高洁的审美观变得扭曲和肤浅：黄钟大吕变成田野俚语，布衣青衫变成了披红挂绿，古琴琵琶变成了锣鼓鞭炮，洁身自好变成了争相取宠，安详宁静变成喧哗骚动，幽默风趣变成庸俗不堪……如果说是与非、美与丑是人类最基本标准的话，那么，很长一段时间里，这种基本标准都在丧失，很多人已分辨不了是与非，也分辨不了美与丑。"文革"时期八个脸谱化的样板戏在左右着中国人的全部精神生活，这样的现象，又何尝不令人扼腕叹息！

如果说中国当代教育存在着诸多问题的话，那么，以我的理解，当代教育最大的失败，甚至不是传统丢失、精神扭曲以及弱智低能，而是在美育上的缺失。这一点，只要观察我们周围的人们，就可以得出这样的结论——在我们的周围，到处都是对于生活没有感觉，对于美丑没有鉴别的人。他们所拥有的，只是功利，只是物质，只是金钱，只是对美丑的弱智的鉴别和判断。这些人不仅仅是一些教育低下的人，甚至，一些貌似受过良好教育的人也是这样——他们虽然拥有很高的学历，有很好的教育背景，但在美丑的辨别力，以及对于艺术、心灵的觉察力、感悟力和理解力上，同样表现得能力低下、缺乏常识。这样的现象，实际上是我们多年以来的教育缺乏美育，缺乏精神导向的结果。一个人的审美，是与道德和智慧联系在一起的，审美的缺失，实际上也是道德和智慧的缺失。一个对美缺乏判断力的人，很容易在人生中缺乏动力和方向，也很容易被民族主义、法西斯主义、极端主义、工业主义所奴役，成为过度现代化的牺牲品。在很多时候，这种人不可能是一个丰富的生命，只是一架精神匮乏的机器。

现在，这一套由合肥工业大学出版社精心组织的"最美中国丛

003

最美的鸟兽

书"，似乎在某种程度上，弥补了一些"寻根"和美育上的缺失。该丛书旨在"重建中国优美形象，重构华夏诗意生活"，通过对古代思想、伦理道德、文学艺术、风景民俗、器物发明等的重新梳理，重新发现中国特有的美，倾情向世人推介这种美，以期真正的美得到传承。这套书知识精准，图文并茂，力求童趣与大美的融合，悦目和感人的统一。对于正在成长的青少年来说，这一套书，应是一个不错的选择，最起码它可以让人知道，什么是中国的最美，什么是中国真正的美。继第一辑10本书受到业界、读者的广泛好评之后，合肥工业大学出版社又趁势推出第二辑"物华灼灼"和第三辑"文质彬彬"，加在一起又有20本，这两辑丛书在第一辑相对比较宏大叙事的基础上，着力聚焦中华文化的细节之美，视角更为开阔，叙述更为细腻。无疑是值得期待的。

20世纪初，北京大学校长蔡元培先生曾经提出过著名的"五育并举"教育方针，"五育"为：军国民教育、实利主义教育、公民道德教育、世界观教育、美感教育。其中，美感教育尤其有特色，蔡先生还以"以美育代宗教"的口号闻名于世。在蔡元培看来，美育是宗教的初级阶段，对于没有宗教传统的中国人来说，美育教育是一种基础，并且相对宗教，美育更安全，更普及，也更为人接受。通过美育，可以培育出道德是非的基础，培育出向上的力量。虽然蔡元培的这一观点引起过一番争论，但对于一个人来说，有美的熏陶，有对于美丑的正确判断，怎么都不能说是一件坏事。并且，美与是非，与善恶，与道德，与人类的心灵，与这个世界的根本，是联系在一起的。以对美的判断和感知为出发点，了解中国历史，了解中国文化，了解中国人曾经的艺术生活，了解一个民族的内心世界；从而进一步了解世界，了解世界的规律，与身边的一切做到和谐相处，都是大有好处的。

也许，这套书的意义就在于此。

【目录】

最美中国

一羽一翼总关情——鸟

最美的鸟兽

心有灵犀竞自由——兽

003

最美的鸟兽

（因本书部分图片未及向摄影者申请授权，祈盼宽谅；恳请有关作者见书后与我社联系，以便奉寄稿酬及样书。）

鸟

一羽一翼总关情

家燕：我想有个家

　　许多中国人爱自嘲为"房奴"，那么，燕子该是"巢奴"了。

　　当我们在讨我们的生活的时候，燕子也在讨它们的生活。所以我觉得，燕子是最为中国化的一种鸟。

欲衔柳枝舞春风

　　当游览完宁夏的水洞沟再回到景区出口，中间有很长的一段路要走，我记得这段路的路况很不好，其间竟换了三种交通工具：先是骆驼，再是骡子，最后是拖拉机。坐拖拉机前进的时候，路旁边都是黄土坡，而大批大批的燕子就在这样的土坡上筑起了巢，连缀成片。条件十分简陋，但燕子似乎有了这样的家就心满意足了，它们叽叽喳喳，进进出出，一幅安居乐业的繁忙景象。这些黄土坡上的燕巢，与西北人民所居住的窑洞颇为相似，都洋溢着一种简朴中的欢愉。

但燕子也有豪华的居所，就在皇城根下，是堂皇的宫殿型建筑。我说的是西安的鼓楼和钟鼓，这两座标志性建筑，也是燕子的理想家园。那是一个夏日的黄昏，我登上西安鼓楼，只见无数的燕子在夕阳的映照下纷纷归巢，其鸣声十分动人。可以想见，在迷人的星光下，这些燕子将与古老而恢宏的城池一起安睡。

嗷嗷待哺的雏燕

003

最美的鸟兽

这些都是北方的燕子。那么在南方呢？丰子恺先生曾画过一幅画，画面上一双小儿女推开窗户，只见窗台下正好筑着一只鸟巢，同样是一双小鸟在巢中甜蜜地歇憩。丰先生将此画题为"雀巢可俯而窥"。我想，江南的燕子肯定也是这样，不怕人的，它们的小小巢穴会紧贴着房舍的温度，甚至紧贴着人的体温。

而我所见过的最南的燕巢，是在云南的泸沽湖。当时我们去一户摩梭族人家"家访"，结束后准备出门之际，抬眼就看见在大门口粗大的横梁上，盘着一只玲珑的燕巢，可爱极了。

无论在中国的什么地方，燕巢都与当地的民居和谐地结合在一起，亲密无间。以至于人们产生了错觉，以为这燕子是家养的，所以唤作家燕。

其实，家燕绝不像家禽和家畜，它是会飞的，它是自由的。

燕子的尾巴呈剪刀状，这给了古代诗人很大的想象空间。宋代词人史达祖的《双双燕》是历来咏燕诗词的翘楚：

过春社了，度帘幕中间，去年尘冷。差池欲住，试入旧巢相并，还相雕梁藻井，又软语、商量不定。飘然快拂花梢，翠尾分开红影。芳径，芹泥雨润。爱贴地争飞，竞夸轻俊。红楼归晚，看足柳昏花暝。应自栖香正稳，便忘了、天涯芳信。愁损翠黛双蛾，日日画阑独凭。

这首词从视听的立体角度，把燕子的神态刻画得惟妙惟肖。最后从燕子在春天里的欢快，过渡到人在春天里的愁伤，剪不断理还乱。这也是咏燕诗词的惯常套路。

而我最喜欢的还是白居易的"几处早莺争暖树，谁家新燕啄春泥"，完全把愁放下，无限明媚，无限希望。

说是"新燕"，其实未必是新出生之燕子，大多数还是旧燕吧。在无限春光里，抖落一身的尘土，迎向新的生活！

啄木鸟：永不消逝的"电波"

有一份侦探杂志叫《啄木鸟》，还有一个服饰品牌叫啄木鸟。这是一种人类十分珍爱的鸟类，因为它象征着一种锲而不舍的正义，一种默默耕耘的执着。

啄木鸟不只有品质上的优点，它还有着超高的智商——当然，这是一种运动领域的智商。1979 年美国科学家训练了一只啄木鸟，并用每秒 2000 帧的高速摄像机摄像记录。结果发现，啄木鸟头部最大速度达到 7 米/秒，击中树木后在短短 0.5 毫秒时间减速至零，也就是说，在这短短 0.5 毫秒中要承受 1500 倍重力加速度。啄木鸟是如何在这样的条件下还能保证头部不受损伤的呢？

原来，在啄木鸟的头上至少有三层防震装置，它的头骨结构疏松而充满空气，头骨的内部还有一层坚韧的外脑膜，在外脑膜和脑髓之间有一条狭窄的空隙，里面含有液体，减低了震波的流体传动，起到了消震的作用。由于突然旋转的运动比直线的水平运动更容易造成脑损伤，所以在它头的两侧都生有发达而强有力的肌肉，可以起到防震、消震的作用。这种精妙的防震设置原理，给防震工程学提供了安全运动防护帽和防震盔的正确设计方案。现代的防护帽都具有一个坚硬的外壳，里面为一个松软的套具，它们之间留有一定的空隙，帽中再加上一个防护领圈，以防止在突然碰撞时造成旋转运动，这些都是从啄木鸟身上得到的启示。

啄木鸟的存在，对于森林来说意义非凡。森林不仅有肥沃的土壤、多变的地形和复杂的气候条件，而且滋育着从低等到高等的丰盛的植物类群，以及从昆虫到鸟、兽等多种多样的森林野生动物，形成一个复杂的自然综合体。但是森林中鞘翅目的象甲、伪步行甲、天牛幼虫、金龟

005

最美的鸟兽

灰头绿啄木鸟

甲，鳞翅目的逼债蛾、螟蛾，以及花蝽象、臭蝽象、蝗虫、蚂蚁、蛴螬等害虫，都是林木的大敌。大片的茂密森林，如果发生严重虫害，将会带来极大的损失。采用飞机喷洒化学农药灭虫的方法，不仅花费巨大，而且会对环境造成污染。隐藏在树皮下甚至钻入木质部的害虫，特别是小囊虫、天牛幼虫、蛴螬、白蚁等，用人工防治是很难奏效的。啄木鸟却有极为高超的捕虫本领，每天清晨，它们就开始用尖嘴敲击树干，在寂静的林中发出"笃，笃……"的声音，如果发现树干的某处有虫，一定要将其彻底消灭才转移到另一棵树上，碰到虫害严重的树，就会在这棵树上连续工作上几天，直到全部清除害虫为止。

　　春天到来的时候，雄啄木鸟会发出响亮的叫声，那是它们在伸张自己的地盘，警告他人不得侵犯。这些叫声往往因为树洞的共鸣而特别响亮。其他季节啄木鸟显得十分安静。啄木鸟不像别的鸟儿是站立在树枝上的，它是攀缘在直立的树干上的。一般的鸟类都足生四趾，三趾朝前，一趾向后；而啄木鸟的四趾，两个向前，两个向后，趾尖上都有锐利的钩爪，它的尾呈楔形，羽轴硬而富有弹性，攀爬时成了支撑身子的柱子。这样，啄木鸟就可以有力地抓住树干不至于滑下来，还能够在树干上跳动，沿着树干快速移动，向上跳跃，向下反跳，或者向两侧转圈爬行。

黄冠绿啄木鸟

啄木鸟长着一个又硬又尖的长嘴，敲击树干笃笃作响，通过声音能准确寻找到害虫躲藏的位置。施行"手术"时，嘴好像一把凿子，啄开树皮，凿出洞来，直接插进木质内的巢穴。它那蚯蚓似的长舌，能伸出嘴外14厘米，且有一条弹性结缔组织连着舌根，就像弹簧一样。舌头上有胶性的液质，能把小虫粘住。有的啄木鸟，舌尖还有细钩，又是粘，又是掏，使小虫无法逃避。

如果巢穴通道弯曲或虫穴很深，啄木鸟的长舌头够不着，它就会用一种声波骚扰战术。它测知虫穴部位之后，便用喙重重地敲击，或上或下，或左或右，使树干孔隙发生共鸣，躲在里边的小虫感到四面受敌，就四处逃窜，这就使啄木鸟有了搜捕机会。真是"天网恢恢，疏而不漏"。

啄木鸟是常见的留鸟，在我国分布较广的种类有绿啄木鸟和斑啄木鸟。

你或许不知道，雄啄木鸟在求爱时，会用自己坚硬的嘴在空心树干上有节奏地敲打，发出清脆的"笃笃"声，像是拍发电报，迫不及待地向雌鸟倾诉爱的心声。

森林里需要这样永不消逝的"电波"，恋人之间也渴求这样永不消逝的"电波"。

最美的鸟兽

喜鹊：离人最近的鸟

喜鹊是一种大大咧咧的鸟儿，我经常在小区的草坪上，看到它们自由自在地行走，只有当人靠得相当近了，甚至是做出"危险动作"之后，它们才会不紧不慢地拍拍翅膀离开。

难道它们也知道在国人心目中，自己是一种报喜的鸟儿吗？所以才觉得人类不会伤害自己吧。

喜鹊分布范围很广，除南极洲、非洲、南美洲与大洋洲外，几乎遍布世界各大陆。在中国，除草原和荒漠地区外，见于全国各地，有4个亚种，均为当地的留鸟。它的寿命为七到八年，品种不一样寿命也略有长短。

喜鹊的适应能力很强，在山区、平原都有栖息，无论是荒野、农田、郊区、城市都能看到它们的身影。常结成大群成对活动，白天在旷野农田觅食，夜间在高大乔木的顶端栖息。但一个有趣的规律是人类活动越多的地方，喜鹊种群的数量往往也就越多，而在人迹罕至的密林中则难见其身影。喜鹊是最有人缘的鸟类之一，喜欢把巢筑在民宅旁的大树上，在居民点附近活动。

《本草纲目》中说它的名字包括两个含义，一是"鹊鸣，故谓之鹊"，二是"灵能报喜，故谓之喜"，合起来就是指人见人爱的喜鹊。据说喜鹊能够预报天气的晴雨，古书《禽经》中有这样的记载："仰鸣则阴，俯鸣则雨，人闻其声则喜。"民间则将喜鹊作为"吉祥"的象征，关于它有很多好听的神话传说。

其中一个故事是这样的：唐贞观末年有个叫黎景逸的人，家门前的树上有个鹊巢，他常喂食巢里的鹊儿，久而久之，人鸟之间有了感情。一次黎景逸被冤枉入狱，他倍感痛苦。突然一天他喂食的那只鸟停在狱

独立枝头

窗前欢叫不停。他暗自想大约有好消息要来了。果然，三天后他被无罪释放。原来，这是因为喜鹊变成人，假传圣旨，使他脱险。

此外，在民间传说中，每年的七夕，人间所有的喜鹊会飞上天河，搭起一条鹊桥，引分离的牛郎和织女相会，因而在中华文化中鹊桥常常成为男女情缘的象征。

有这些故事印证，画鹊兆喜的风俗大为流行，品种也有多样：如两只鹊儿面对面叫"喜相逢"；双鹊中加一枚古钱叫"喜在眼前"；一只獾和一只鹊在树上树下对望叫"欢天喜地"。流传最广的，则是鹊登梅枝报喜图，又叫"喜上眉梢"。

喜鹊，作为离人最近的鸟，已经深入了我们的生活、传说和文化表达。它们很"世俗"，也很尊贵，甚至成了"圣贤"的模板。如果你去读古代儒家的一些文章，就会发现，喜鹊的地位居然非常尊贵，被捧为"圣贤鸟"。如果你接着去追问，会发现理由非常简单，因为古人认定，喜鹊一年到头，不管是鸣还是唱，不管是喜还是悲，不管是在地上还是在枝头，不管是年幼还是衰朽，不管是临死还是新生，发出的声音始终都是一个调，一种音。而儒家眼中的圣贤、君子，就是要表现得像喜鹊那样恒常、稳定、明确、坚毅、始终如一。因此，儒家经常要求人们向喜鹊学习，把喜鹊当成圣贤的某种模板。

在鸟类当中，喜鹊是出名的建筑大师。它们的巢呈球状，由雌雄共同筑造，直径可达 100 厘米，结构非常巧妙，以枯枝编成，内壁填以厚层泥土，内衬草叶、棉絮、兽毛、羽毛等，还懂得将其出入口开在侧边，易守难攻，让鹰鹞不易得手。不仅如此，每年还将旧巢添加新枝进行修补，从而能够长期使用，简直相当于自己的产权房了。

单从筑巢来看，就知道这是一种认真的鸟。人们喜欢喜鹊的认真，因为越认真，所预报的喜讯也就越可靠。

誓将喜讯传四方

沙鸥：我和诗人有个约会

如果说喜鹊是俗人之鸟，那么沙鸥就是文人之鸟。杜甫的诗句"飘飘何所似，天地一沙鸥"，不正好是文人的一幅自画像吗？

既渴望自由，不害怕漂泊，又自悯身世，时有忧伤；既渴望济世，想有一番作为，又爱惜羽毛，不愿同流合污。这说的便是古代的文人，他们正是一群在理想与现实间、在出世和入世间来回穿梭的沙鸥。

鸥科是一个大家族，成员多为长翼蹼足水鸟，形体较大，身体较粗壮，喙较厚，喙端略呈弯钩状，通常待在岸边或内陆水域附近，是港口重要的食腐动物。善飞，能游水，常随潮而翔。有海鸥、银鸥、燕鸥等种类，沙鸥指的则是江鸥。

天地一沙鸥

江鸥生活在江中，食小鱼及其他水生动物。《宋书·五行志三》有云："文帝元嘉二年春，有江鸥鸟数百，集太极殿小阶内"，北周庾信

011

最美的鸟兽

《奉和永丰殿下言志》之九曰："野鹤能自猎，江鸥解独渔"，唐雍陶《送徐山人归睦州旧隐》诗云："初归山犬翻惊主，久别江鸥却避人"，明李时珍在《本草纲目·禽一·鸥》注释："在海者名海鸥，在江者名江鸥，江夏人误为江鹅也"。

另外，"鸥汀"一词解释为"群鸥栖息的沙洲"，这也可作为沙鸥即江鸥的旁证。

在古代的诗文中，"鸥盟"是一个出现频率很高的词。意思是与鸥鸟为友，比喻隐退。

宋代陆游《夙兴》诗："鹤怨凭谁解？鸥盟恐已寒。"明代李东阳《次韵寄题镜川先生后乐园》之一："海边钓石鸥盟远，松下棋声鹤梦回。"清代陆以湉《冷庐杂识·改官诗》："既改官，作《归兴》诗云：'此去真为泛宅行，扁舟江上订鸥盟。'"

而我对"鸥盟"还有一个理解，那就是在每年的某个时候，与旧相识的鸟儿相见，然而相互打量、相互取暖，盘桓一番后各自离开——鸟儿飞向大海去挑战风浪，人儿转回尘世去继续打拼。

相濡以沫，而后相忘于江湖。

布谷：沉重的翅膀

　　布谷鸟是一种十分纠结的鸟儿，人类在它身上寄托了太多的"移情"，使它的翅膀变得分外沉重。

　　关于"布谷布谷"的催种工作，其实是它一项最为简单的任务。大自然本身就是一只精密的钟表，它伸出无数的指针，这些指针紧密地勾连着草木和鸟兽，也弱弱地勾连着人类，所以一到点儿，所有的脉搏会一起振动，这其中要数人类最不敏感，于是花儿伸出美丽的触手来提醒，布谷鸟发出悦耳的鸣叫来提醒：该到一年里播种的季节了。

　　"望帝春心托杜鹃"，这一下子就把布谷鸟变得多情而沉重了。传说战国时蜀王杜宇，号望帝，因水灾让位退隐山中，他思念妻子而抑郁难当，死后化作杜鹃鸟，日夜悲鸣，泪尽继而流血。这位如此感性、如此文艺范儿的皇帝，实在是后来的李煜、赵佶等的鼻祖。

　　"鸠占鹊巢"，又把布谷鸟变得万分阴险了。这句成语里的两种鸟，鹊和鸠，其中争议比较小的是鸠，它指的不是鸠鸽类的斑鸠，而是一种

杜鹃,古称鸤鸠。但是喜鹊属鸦科,体型比杜鹃大,生性勇猛,杜鹃很难有机会靠近鹊巢。而且在野地的实际观察中,也没有杜鹃寄生在鹊巢的记录。因此有学者认为,有一种可能是杜鹃不会筑巢,而喜鹊却是真正的筑巢高手,古人做如此的对比,纯粹只是文学的想象。也有的学者认为,综观杜鹃喜欢寄养的几种鸟里,多属莺、雀等体型较小的鸟,很有可能古人把雀和鹊当同音假借字,"鸠占鹊巢"其实是"鸠占雀巢"。

但不管是想象还是写实,杜鹃的名声都毁了。不是吗?强占本身就比强拆更可恶,而且光占还不算,还忽悠人家给自己养孩子——实在是欺鸟太甚!

只好将范爷的一句话赠给布谷:"我能经得住多少诋毁,就能担得起多少赞美。"

画眉：想要欢唱不自由

画眉，一个很女性化的名字，这个名字其实属于一种善叫又好斗的雀形目鹟科画眉亚科小鸟。

小小机灵鬼

画眉体长约 24 厘米，体重 50 ~ 75 克。上体橄榄褐色，头和上背具褐色轴纹；眼圈白，眼上方有清晰的白色眉纹，向后延伸呈蛾眉状，画眉的名称便由此而来；下体棕黄色，腹中部夹灰色。

画眉是一种留鸟，生活于我国长江以南的山林地区，喜在灌木丛中穿飞和栖息，常在林下的草丛中觅食，不善作远距离飞翔。雄鸟在繁殖期极善鸣啭，声音十分洪亮，尾音略似"mo-gi-yiu-"，因而古人称其叫声为"如意如意"。

事实上，画眉的叫声还很多元，并且具有很重要的实用功能。有好事者分门别类如下：

（1）如果画眉发出"娃…娃…"的叫声，是在提醒同类有危险，请大家藏起来的意思。

（2）发出"秋…秋…"的连叫声，是在说"我害怕"。

015

最美的鸟兽

（3）发出"谷、谷、谷…"并尾巴上下摆动，是在说"我想要个女孩"。

（4）发出"谷、谷、谷…"并在原地打圈或在栖棒上摆头，是在说"这地方是我的，当心我咬你哦"。

（5）发出"呜、呜、呜…"并张开双翅，是在说"我要打架"。

（6）发出类似"科、科、科…"的声音，表示害怕、示弱。

（7）发"嘎——叽"这种声音，如果鸟没有立毛，表示想叫又不敢叫出来；如果鸟立毛了，表示鸟已经怕到了极点。

（8）如果你走近雄画眉时它发出"呜、呜、呜…"并张开双翅叫着，那是它在说"我爱你，见到你真高兴"。它见到母鸟也会有此动作的。

（9）如果你对着画眉说"奥、奥、奥、奥"，它就会摆头并叫起来。可见，"奥、奥、奥、奥"在画眉听来，很有可能是威胁的意思。

因为歌唱家的身份，画眉常被人捕去，养在笼子里。尤其是云南凯里的画眉，更是极品中的极品。凯里画眉鸟因能唱善斗而受到全国画眉鸟爱好者的喜爱，爱好者们都以拥有一只正宗凯里画眉鸟而自豪。

笼子里的画眉仿佛古代的宫廷艺人，不得自由；而这养鸟者，难道因此就能过一下当皇帝的瘾了吗？

画眉秋色图

鸳鸯：只愿一生爱一"人"

古代女子是很重视画眉的——是真的画眉，有一首诗说："洞房昨夜停红烛，待晓堂前拜舅姑。妆罢低声问夫婿，画眉深浅入时无？"

这一幅夫妻和谐的画面，则使我们想到了另一种著名的鸟——鸳鸯。

鸳鸯有点像野鸭，但体形较小，色彩也更明艳。雄鸟的羽色绚丽，头后有铜赤、紫、绿等色羽冠；嘴红色，脚黄色。雌鸟稍小，羽毛苍褐色，嘴灰黑色。鸳鸯栖息于内陆湖泊和溪流边，在我国内蒙古和东北北部繁殖，越冬时在长江以南直到华南一带，为我国著名特产珍禽之一。

鸳鸯经常出双入对，在水面上相亲相爱，悠闲自得，风韵迷人。它们时而跃入水中，引颈击水，追逐嬉戏，时而又爬上岸来，抖落身上的水珠，用橘红色的嘴精心地梳理着华丽的羽毛。此情此景，不知勾起多少文人墨客的联想。

鸳鸯戏水

其实在中国古代，最早是把鸳鸯比作兄弟的。南朝梁萧统编著的《文选》中有"昔为鸳和鸯，今为参与商"，"骨肉缘枝叶"等诗句，这是一首兄弟之间赠别的诗。晋人郑丰有《答陆士龙诗》四首，第一首《鸳鸯》的序文说："鸳鸯，美贤也，有贤者二人，双飞东岳。"这里的鸳鸯是比喻陆机、陆远兄弟的。以鸳鸯比做夫妻，最早出自唐代诗人卢照邻的《长安古意》，诗中有"愿做鸳鸯不羡仙"一句，赞美了美好的爱情，以后一些文人竞

睢鸠

相仿效。崔豹的《古今注》中说："鸳鸯、水鸟、凫类，雌雄未尝相离，人得其一，则一者相思死，故谓之匹鸟。"李时珍的《本草纲目》中也说它"终日并游，有宛在水中央之意也。或曰：雄鸟曰鸳，雌鸟曰鸯"。也有人认为"鸳鸯"二字实为"阴阳"二字谐音转化而来，取此鸟"止则相偶，飞则相双"的习性。自古以来，在"鸳侣""鸳盟""鸳衾""鸳鸯枕""鸳鸯剑"等词语中，都含有男女情爱的意思，"鸳鸯戏水"更是我国民间常见的年画题材。

基于人们对鸳鸯的这种认识，我国历代还流传着不少以它为题材的歌颂纯真爱情的美丽传说和神话故事。晋干宝《搜神记》卷十一《韩妻》中就有这样的记载：古时宋国有个大夫名韩，其妻美，宋康王夺之。怨，王囚之。遂自杀。妻乃阴腐其衣。王与之登台，自投台下，左右揽之，衣不中手而死。遗书于带曰：愿以尸还韩氏，而合葬。王怒，令埋之二冢相对，经宿，忽有梓木生二冢之上，根交于下，枝连其上，有鸟如鸳鸯，雌雄各一，恒栖其树，朝暮悲鸣，音声感人。

在我国古代，另一种象征爱情的鸟，大概就是《关雎》中的睢鸠了。睢鸠是一种鹰类水鸟，俗称鱼鹰，相传此种鸟有定偶，故以喻男女

之恋。

但与鸳鸯比起来，雎鸠似乎爱得更加"理性"一些。这一点有宋代李公弼的一则典故为佐证。据说，李公弼一次看到鱼鹰飞翔水边，就问身边的人这是什么鸟，旁人告诉他，这就是《诗经》里所歌颂的"关雎"，还说"此禽有异，每栖宿，一巢中二室"。他让人看鸟巢，果然"雌雄各异居"，于是大为感慨地说："村落犹呼曰关雎，而'和而别'，则学者不复辨矣。"这事端的是有趣，小小的鸟巢还分成两居室，真有时尚夫妻分室而居的做派。

所谓的"和而别"，用今天的话翻译，应该是既和谐又保持各自个性的意思。这难道不是现代夫妻应该追求的境界吗？

最美的鸟兽

相思鸟：万年修得比翼飞

接下来一种和爱情有关的鸟，就是同样大名鼎鼎的相思鸟。有趣的是，相思鸟有点像画眉，属于小型鸟，鸳鸯属于中型鸟，而鱼鹰属于大型鸟——看来，各个阶层的鸟儿，都选出了自己的爱情模范。

"红豆生南国"，而会飞翔的"红豆"也生长在南国。在我国，相思鸟分布在秦岭以南，属雀形目，鹟科，画眉亚科，是一种留鸟，也是珍贵的笼养鸟。因雌雄鸟经常形影不离，对伴侣极其忠诚，故称相思鸟，别名恋鸟。性活泼，羽色华丽，鸣声婉转动听。杂食性，除吃瓢虫、象甲等昆虫外，还吃种子、果实等。

银耳相思鸟

相思鸟主要有银耳相思鸟和红嘴相思鸟两种，我国均有分布。两种外形相似，但银耳相思鸟头顶黑色，耳羽银灰色，嘴黄色，上嘴基部和

红嘴相思鸟

嘴角褐色。常栖息于海拔 1000 米的小丘和平原，结成 8～10 只的小群，在灌丛、竹林及常绿阔叶林内活动。红嘴相思鸟嘴呈鲜艳的红色，上体从头至尾上覆羽为暗灰绿色，颏黄色，胸部橙黄色，腹部淡白色，尾下覆羽浅黄色。生态习性与银耳相思鸟相似。

021

最美的鸟兽

西方人管相思鸟叫"乃丁格"（情鸟），看来他们也观察到了相思鸟比翼双飞的特性。在国外，相思鸟又称为北京夜莺或中国夜莺。这可能是因为一部分相思鸟是从我国引进的，另一个原因或许是我国的"相思文化"自古就特别发达吧。

"相思第一人"是大禹的妻子涂山氏，然后是孟姜女、绿珠、唐婉、李香君、林黛玉，组成了一个"相思阵线联盟"。我倾向于认为，她们就是这种美丽的相思小鸟的化身，投胎到人间，却没有得到一个理想的结局。

还不如永世做一双鸟呢！不是吗？你觉得你比一只鸟快乐吗，比一朵花幸福吗？从最大的差别上来说，我们是按照社会属性、并在不由自主的命运掌控下生活，而鸟儿和花儿是按照其本性来生活：该歌唱时就歌唱，该开放时就开放。

黄鹂：热情的小诗

在《蜗牛与黄鹂鸟》里，黄鹂是那个爱嘲笑别人的家伙。

在"打起黄莺儿，莫教枝上啼。啼时惊妾梦，不得到辽西"中，黄鹂又是那个讨厌的家伙。

只有在杜甫"两个黄鹂鸣翠柳，一行白鹭上青天"中，黄鹂鸟才是最鲜艳的那一抹色彩，也是最悦耳的那一段旋律。

鲜艳和悦耳，就是这种小鸟的关键词了吧。

黄鹂是一些中等体型的鸣禽，是黄鹂科黄鹂属 29 种鸟类的通称。体羽一般由金黄色的羽毛组成。雄性成鸟的鸟体、眼先、翼及尾部均有鲜艳分明的亮黄色和黑色分布。雌鸟较暗淡而多绿色。幼鸟偏绿色，下体具细密纵纹。总而言之，这"一家三口"，在羽毛上各有各的好看。

黄鹂主要生活在温暖地区的阔叶林中，大部分是留鸟，也有一小部分迁徙。取食昆虫，也吃浆果，所以是著名的食虫益鸟。黄鹂胆子很小，不易见于树顶，但能根据其响亮悦耳的鸣声而判知其所在。

徐志摩曾写过一首名叫《黄鹂》的小诗：

一掠颜色飞上了树。

"看，一只黄鹂！"有人说。

翘着尾尖，它不作声，

艳异照亮了浓密——

象是春光，火焰，象是热情，

等候它唱，我们静着望，

怕惊了它。但它一展翅，

冲破浓密，化一朵彩云；

它飞了，不见了，没了——

象是春光，火焰，象是热情。

　　我总觉得，徐志摩就是一只热情的小鸟，愿意在"人间四月天"里尽情燃烧自己，就像黄鹂。

为谁辛苦为谁忙

最美的鸟兽

翠鸟：色彩的现代派

和黄鹂一样，翠鸟也以颜色好看而著称，而且似乎比黄鹂更胜一筹。它的身体很矮胖，但却是地地道道的色彩大师，把那么多鲜艳的颜色都集中在自己的身上，飞在空中，便像是一帧袖珍的现代派油画了。

翠鸟，佛法僧目翠鸟科的 1 属，品种很多，因背部和面部的羽毛翠蓝发亮而通称翠鸟。

我们不妨从头到脚，来看看这位色彩大师的装扮：头顶黑色，额具白领圈。浓橄榄色的头部有青绿色斑纹，眼下有一青绿色纹，眼后具有强光泽的橙褐色。喉部色黄白，嘴特别大而呈赤红色。面颊和喉部白色。上体羽蓝色具光泽，下体羽橙棕色。胸下栗棕色，翅翼黑褐色。足短小，二趾相并，脚珊瑚红色。自额至枕蓝黑色，密杂以翠蓝横斑，背部辉翠蓝色，腹部栗棕色；头顶有浅色横斑；嘴和脚均赤红色。

足够惊艳了吧？

翠鸟体型大多数矮小短胖，只有麻雀大小，体长大约 15 厘米。其体型有点像啄木鸟，但尾巴短小。翠鸟头大，身体小，嘴壳硬，嘴长而

技艺赛渔翁

强直，有角棱，末端尖锐。翠鸟尾巴很短，但飞起来很灵活。

　　翠鸟常直挺地停息在近水的低枝或岩石上，伺机捕食鱼虾等，因而又有鱼虎、鱼狗之称。

　　中国的翠鸟有三种：斑头翠鸟、蓝耳翠鸟和普通翠鸟。最后一种常见，分布也广。

025

最美的鸟兽

夜莺：只想唱给星星听

安徒生童话《夜莺》，将故事背景放在了中国，主角是一位皇帝。或许他认为，只有神秘的东方国度才会孕育出这种神奇的鸟儿吧。

而在国人眼里，又觉得它是一种相当西化的鸟儿，同样以悠远的想象把它神秘化了。

其实，夜莺是属于世界的，活动范围很大。它是一种迁徙的食虫鸟类，生活在欧洲和亚洲的森林。它们在低矮的树丛里筑巢，冬天迁徙到非洲南部。

夜莺（Nightingale）也称 Nightbird，学名新疆歌鸲，是一种属于雀形目的小鸟，以前曾把它归为鹟科的一种画眉鸟，现在一般把它归于鹟科。

夜莺的模样很不起眼，形体比欧亚鸲还小，大约 15～16.5 厘米长，赤褐色羽毛，有点近似于枯树皮，尾部羽毛呈红色，肚皮羽毛颜色呈由浅黄到白色。

但说起歌艺，夜莺是鸟类中的大腕儿，拿流行歌手来做比喻，它不

是偶像派，但却是实力派。雄夜莺以它擅唱的歌喉而著称，鸣叫声高亢明亮、婉转动听，音域之宽连人类的歌唱家也羡慕不已。尽管在白天也鸣叫，但夜莺主要还是在夜间歌唱，这个特点显著区别于其他鸟类。所以夜莺的英文名字里有"Night"的字样。近年来科学家还发现，夜莺在城市里或近城区的叫声要更加响亮，这是为了盖过市区的噪音。

关于夜莺，在希腊神话里有一个美丽的传说。潘特柔斯之女埃冬是底比斯国王泽托斯的妻子。他们有一个女儿叫埃苔露丝，但埃冬却不幸失手杀死了女儿埃苔露丝，从而陷入了无尽的悲哀和自责中。神祇们出于怜悯就把她变成了夜莺，从此夜莺每个晚上都要悲鸣以表达对女儿的哀思。

也有人认为夜莺应为夜鹰（我国著名的鸟类学家郑作新就持这种观点）。夜鹰又名蚊母鸟，体长约28厘米，只因它的歌声动听如莺，又在夜间鸣叫，故人们称它为夜鹰。唐代李肇作的《唐国史补》上记述："江东有蚊母鸟，夏则夜鸣，吐蚊于丛草间。"可见古代人们对它已有所观察和了解，但对于"吐蚊"却是误解。夜鹰属于白天休息而夜间活动的鸟类，喜欢吃蚊虫和金龟子等昆虫。它具有非凡的空中捕食本领，有时也到草丛间低飞，张着大大的嘴捕食蚊虫，因而被误解为"吐蚊"了。

世界上约有90种夜莺，有的种类分布很广，带有世界性。我国有8种，其中云南有5种。毛腿夜莺和黑顶蛙嘴夜莺在我国仅分布于云南；有一种林夜莺，除云南外，还见于台湾省和海南省。另有一种普通夜莺，则广泛分布在我国南北地区，特别是长江以南为最多。

夜莺的繁殖期在5~7月间，由雌雄鸟轮流孵卵，约经16~18天幼雏出壳。新孵出的雏鸟全身赤裸，眼未张，属晚成鸟，需经一段时间的喂哺后才能长成小鸟。

027

最美的鸟兽

鹧鸪：漫天都是愁

在我国范围内活动的鹧鸪只有一种，即中华鹧鸪。这种鸟类体形似鸡而比鸡小，在上背、下体及两翼有醒目的白点，背和尾有白色横斑，在丘陵、农田等地活动较多。但近年来随着自然环境的破坏，加上大量捕猎以供出口，使得大部分地区的种群都有不同程度的下降，数量越来越少，

如果说翠鸟是主色的、夜莺是主唱的，那么鹧鸪就是主愁的。

有个词牌名，就叫《鹧鸪天》，该是怎么一幅漫天飞舞的愁绪啊，如纷纷扬扬的棉絮。

如果与杏花天、四月天什么的比较一下，便更可以体会到鹧鸪天的氛围。

鹧鸪这种鸟儿，天生就带着许多"感伤"的元素。

《古今注》载："鹧鸪，出南方，鸣常自呼，常向日而飞，畏霜露，早晚稀出，有时夜飞，夜飞则以树叶覆其背上。"这种怕冷的鸟儿，该是易愁的主儿了。

鹧鸪的叫声也归入愁一路，其鸣为"钩辀格磔"，俗以为极似"行不得也哥哥"，故古人常借其声以抒写逐客流人之情。

在繁殖季节，一只雄鸟站在山岩上高鸣，若干雄鸟从不同方向的山顶上响应，此起彼伏，声音响彻山丘。

卢坤峰《鹧鸪图》

029

最美的鸟兽

　　其实鹧鸪很好斗，性成熟后的雄鹧鸪，在繁殖季节，常因争夺母鹧鸪和地盘而发生激烈的啄斗。所以，一般一山只有一只雄鹧鸪。

　　鹧鸪"居无定所"的生活方式也容易让人引发愁的联想。它们喜欢单独或成对在干燥的褐露岩坡上活动，清晨和黄昏常下到山谷间觅食，晚上则在草丛或灌丛中过夜，无固定栖息地，每晚都变换栖居位置。飞行快速，常做直线飞行，受惊后多飞往高处。

　　"青山遮不住，毕竟东流去。江晚正愁余，山深闻鹧鸪"，辛弃疾的词句脍炙人口。而更"专业"的则是晚唐诗人郑谷的《鹧鸪》诗：

　　　　暖戏烟芜锦翼齐，品流应得近山鸡。
　　　　雨昏青草湖边过，花落黄陵庙里啼。
　　　　游子乍闻征袖湿，佳人才唱翠眉低。
　　　　相呼相应湘江阔，苦竹丛深日向西。

首联咏其形，以下各联咏其声。青草湖，即巴丘湖，在洞庭湖东南；黄陵庙，在湘阴县北洞庭湖畔。传说帝舜南巡，死于苍梧。二妃从征，溺于湘江，后人遂立祠于水侧，是为黄陵庙。这一带，历史上又是屈原流落之地，因而迁客流人到此最易触发愁绪。这样的特殊环境，再加上潇潇暮雨、落红片片，便形成了一种凄迷幽远的意境，渲染出一种令人魂销肠断的氛围。此时此刻，畏霜露、怕风寒的鹧鸪自是不能嬉戏自如，而只能愁苦悲鸣了。"雨昏青草湖边过，花落黄陵庙里啼"，游子征人涉足凄迷荒僻之地，聆听鹧鸪的声声哀鸣，愈发黯然神伤。鹧鸪之声和征人之情，完全交融在一起了。

五、六两句，看来是从鹧鸪转而写人，其实句句不离鹧鸪之声，承接相当巧妙。"游子乍闻征袖湿"，是承上句"啼"字而来，"佳人才唱翠眉低"，又是因鹧鸪声而发。佳人唱的，无疑是《山鹧鸪》词，这是仿鹧鸪之声而作的凄苦之调。闺中少妇面对落花、暮雨，思念远行不归的丈夫，情思难遣，唱一曲《山鹧鸪》吧，可是才轻抒歌喉，便难以自持了。在诗人笔下，鹧鸪的啼鸣竟成了高楼少妇相思曲、天涯游子断肠歌了。在这里，人之哀情和鸟之哀啼，虚实相生，各臻其妙；而又互为补充，相得益彰。

最后一联"相呼相应湘江阔，苦竹丛深日向西"，诗人笔墨更为浑成。"行不得也哥哥"声声在浩渺的江面上回响，是群群鹧鸪在低回飞鸣呢，抑或是佳人游子一"唱"一"闻"在呼应？那些怕冷的鹧鸪忙于在苦竹丛中寻找暖窝，然而在江边踽踽独行的游子，何时才能返回故乡呢？诗人紧紧把握住人和鹧鸪在感情上的联系，咏鹧鸪而重在传神韵，使人和鹧鸪融为一体，字字在写鸟，也是字字在写人。

就是因为这首诗，郑谷被后世称为"郑鹧鸪"。

一只鸟成就了一个诗人。

白鹭：洁白的手卷

"漠漠水田飞白鹭"，真是一种奇怪的感觉，明明有一个"飞"字在里面，但整个画面反而更静谧了。

我在徽州的乡间看到过许多白鹭，青的山，碧的水，金黄的稻穗，洁白的白鹭此刻飞来，像缓缓展开的手卷，真是绝配。

白鹭的白，是纯度最高的白。而徽州乡间的民居，都是粉墙黛瓦，虽说是"粉"，但因为长期的风雨侵蚀，已经变成灰白甚至灰黑了。与白鹭的洁白组合在一起，也算相映成趣。

031

最美的鸟兽

丈量蓝天

那么世间有没有能与白鹭媲美的"饱满的洁白"呢？大概只有天上的白云了。所以"一行白鹭上青天"，要飞上云端，看看谁的色彩更明丽。

亲密

　　白鹭俗称白鹤、白鹭鸶、白鸟、春锄、极小白鹭、鹭鸶、丝琴、小白鹭、雪客、一杯鹭。整个白鹭属共有 13 种鸟类，其中有大白鹭、中白鹭、白鹭（小白鹭）和雪鹭，四种体羽皆是全白，世人通称白鹭。大白鹭体型大，既无羽冠，也无胸饰羽；中白鹭体型中等，无羽冠但有胸饰羽；白鹭和雪鹭体型小，羽冠及胸饰羽全有。白鹭在繁殖期所生的冠羽和蓑羽可作装饰用，俗称白鹭丝毛，常远销欧美和世界各地。

　　白鹭是涉禽，常去沼泽地、湖泊、潮湿的森林和其他湿地环境，捕食浅水中的小鱼、两栖类、爬虫类、哺乳动物和甲壳动物。和喜鹊不一样，白鹭在筑巢上不太考究，属于粗放型，它们在乔木或灌木上，或者在地面筑起凌乱的大巢。

无间

　　巢开口极大，好仰视更美的流云，好沐浴更多的阳光。

戴胜：天生就是冠军

很少有一种鸟，像戴胜这么爱打扮的，而且把自己拾掇得那么"高调的华丽"，我以为，它就是鸟类中的 LadyGaga。

先看戴胜的帽子，戴胜鸟又名胡哱哱、花蒲扇、山和尚、鸡冠鸟等，它最大的标志就是头顶有醒目的羽冠，平时折叠倒伏不显，直竖时像一把打开的折扇。鸣叫时冠羽耸起，旋又伏下，随着叫声，羽冠一起一伏，喉颈部伸长而鼓起，头前伸，并且一边行走一边不断点头。那模样实在是标致极了。

闲庭信步

再看戴胜的衣饰，像是一件有着波西米亚风格的连衣裙。头侧和后颈淡棕色，上背和肩灰棕色，下背黑色而杂有淡棕白色宽阔横斑。初级飞羽黑色，飞羽中部具一道宽阔的白色横斑，其余飞羽具多道白色横斑。翅上覆羽黑色，亦具较宽的白色或棕白色横斑。腰白色，尾羽黑色而中部具一白色横斑。整件"衣裙"色彩对比强烈，显眼的白色横斑又流露出一股洒脱不羁的劲儿。

戴胜还有喜欢搞怪的地方。它性情较为驯善，不太怕人。常在地上慢步行走，用嘴在地面翻动寻找食物。若遇敌害，它有一手绝招，从尾

033

最美的鸟兽

脂腺分泌出一种黑褐色油状液，气味极其恶臭，定使来犯者掩鼻而逃。多单独或成对活动。受惊时飞上树枝或飞一段距离后又落地，飞行时两翅扇动缓慢，成一起一伏的波浪式前进，体态轻盈，颇为壮观。

戴胜不仅爱装扮，还擅长歌唱。鸣声似"扑、扑、扑"，粗壮而低沉。同时戴胜也不是一个空花架子，它栖息在开阔的田园、园林、郊野的树干上，是有名的食虫鸟，大量捕食金针虫、蝼蛄、行军虫、步行虫和天牛幼虫等害虫，大约占到它总食量的88%。在保护森林和农田方面有着较为重要的作用。

戴胜天生就是冠军的材料！

母子情深

八哥：饶舌歌手

画眉是民族唱法，夜莺是美声唱法，而八哥就是饶舌唱法了。

八哥又名了哥、鹦鸲、寒皋、鸲鹆、鸲鹆、驾鸰、加令、中国凤头八哥、凤头八哥，古时称秦吉了。

和乌鸦一样，八哥也披着一身玄衣。但八哥的个头比乌鸦要小得多，而且它的初级覆羽和初级飞羽的基部均为白色，因此在飞行过程中两翅中央有明显的白斑，从下方仰视，两块白斑呈"八"字形。这便是八哥名称的来源，两块白斑与黑色的体羽形成的鲜明对比也是八哥的一个重要辨识特征。

最美的鸟兽

请来听我的音乐会

八哥是我国南方常见的鸟类。自陕西南部至长江以南各省，以及台湾省和海南省均有分布。栖居平原的村落、田园和山林边缘，性喜结群，常立水牛背上，或集结于大树上，或成行站在屋脊上，每到黄昏时常呈大群翔舞空中，噪鸣片刻后栖息。夜宿于竹林、大树或芦苇丛，并与其他椋鸟或乌鸦混群栖息。

八哥喜欢追随在农民和耕牛后边，啄食犁翻出土面的蚯蚓、昆虫、蠕虫等，又喜啄食牛背上的虻、蝇和壁虱，也捕食象甲、蝗虫、金龟子、蝼蛄等。还喜欢吃各种植物及杂草的种子，以及榕果、蔬菜茎叶。繁殖期 4～7 月。每年可繁殖 2 次。在树洞或建筑物的裂缝中营巢，有时也利用喜鹊、椋鸟等的旧巢；巢浅盂状，用稻草、树叶、羽毛等堆成。每窝产卵 4 枚，卵浅蓝色。

八哥伶俐易驯，又能模仿人言以及其他鸟类的鸣声，所以自古以来就是王公贵族公子王孙们的玩耍之物。在古典名著《红楼梦》中有八哥，影视剧《纪晓岚》中也有八哥，还有许许多多的历史文献和文艺作品，都提到过八哥，可见八哥是一种深受人们喜爱的有灵性的动物。它不假充高雅，也不故作伤感，而是充满了市井的闲趣，寄托着俗世的欢欣。

雄性八哥一般寿命在 8～10 年左右，雌性八哥一般寿命在 10～12 年左右。野生八哥一般寿命比笼养的短 1～2 年。据史书记载，唐朝年间有一大户人家养的一雌性八哥生命力极强，寿命达 22 年，算是很罕见了。

绯胸鹦鹉：会说话的云

"鹦鹉学舌"，似乎是一个贬义词，其实可以看出古人对于鹦鹉这种小精灵的喜爱，它已经飞入了当时的日常生活。

鹦鹉是典型的攀禽，对趾型足，两趾向前两趾向后，适合抓握，鹦鹉的喙强劲有力，可以食用坚果。种类极多，著名的有虎皮鹦鹉、牡丹鹦鹉，以及生活在南美洲的最大的紫蓝金刚鹦鹉、生活在南洋的最小的蓝冠短尾鹦鹉。可以说，每一种鹦鹉的亮相，都像是 T 型台上的盛装出场，让人过目难忘。

最美的鸟兽

稳居 T 台

我国常见的是绯胸鹦鹉，在民间还被亲昵地称为"多嘴多舌的黄背绿"。虽然它的鸣声单调，但很善于学舌，模仿人语，还能学会一些技艺，所以成为古代宫廷中驯养的一种有名的学语鸟，也是驰名中外的观赏鸟类。

绯胸鹦鹉

　　绯胸鹦鹉和翠鸟一样，懂得色彩美学。体形中等，体态优美，羽色艳丽，由于上体羽毛以绿色为主，又被称为绿鹦哥。它的体长为 22 ~ 36 厘米，体重为 85 ~ 168 克。雄鸟的头部为葡萄灰色，眼睛周围为绿色，前额有一条窄窄的黑带延伸至两眼；羽色大体为上绿下红，颊为白色，喉和胸为葡萄红色或砖红色。眼睛内的虹膜为黄色，嘴壳粗短，很像老鹰的嘴，上嘴弯曲，呈珊瑚红色，下嘴褐色，嘴的先端为象牙色，脚呈暗黄绿色或石板黄色。尾羽狭窄而尖长，尤其是中央的两枚蓝色尾羽特长，呈楔形。雌鸟的头部为蓝灰色，喉、胸为橙红色，缺少紫色沾染，中央尾羽一般比雄鸟短，眼睛内的虹膜为黄白色，上、下嘴都是黑褐色。

　　绯胸鹦鹉主要栖息于低山地区和山麓常绿阔叶林中，也到山脚、平原、河谷、农田和居民点附近觅食，常十余只至数十只成群活动，有时也与鸦类和八哥混群生活。它们善于飞行和攀缘，飞行很快而常呈直

线，攀缘时能够嘴、脚并用，上下均甚为灵巧。鸣声响亮，似"格啊
——格啊"的声音，如果几只鸟同时鸣叫，则十分嘈杂震耳。夜间常与
八哥和鸦类混栖于树上。食物主要是野生植物的浆果、坚果等果实，以
及种子、花蜜、嫩枝和幼芽等，也吃谷物和昆虫。

金刚鹦鹉

常言道"红颜薄命"，但"色艺俱佳"的鹦鹉却是一个例外。世界
上最长寿的鸟就是一只鹦鹉，它是一只亚马孙鹦鹉，名叫詹米，生于英
国利物浦 1870 年 12 月 3 日，死于 1975 年 11 月 5 日，享年 105 岁，是
鸟类中的老寿星。

最美的鸟兽

丹顶鹤：仙字号掌门

　　鹤，这个汉字读起来，天然地带有惊叹的意思——嗬！

　　人们从来不吝啬把最好的词语加在丹顶鹤身上，也用它来代表许多美好的情愫、象征着许多美好的理想。

　　翻开古代典籍，丹顶鹤的仙气扑面而来。《尔雅》中称其为仙禽，《本草纲目》中称其为胎禽，"松鹤延年"是大众的祈愿，"梅妻鹤子"则是名士的风流。

　　丹顶鹤是鹤类中的一种，因头顶有红肉冠而得名。英文名即为 Red-crowned crane。它是东亚地区所特有的鸟种，体态优雅、颜色分明。成鸟除颈部和飞羽后端为黑色外，全身洁白，头顶皮肤裸露，呈鲜红色。幼鸟体羽棕黄，喙黄色。亚成体羽色暗淡，2岁后头顶裸区红色越发鲜艳。这红肉冠，的确是画龙点睛之笔，既丰富了鹤的色彩，也提升了它的精神内涵。既像老寿星的红顶，又像一颗红心，更像一个好彩头，从而再好不过地诠释了吉祥、忠贞、长寿的寓意。

玉羽胜雪

最美的鸟兽

丹顶鹤繁殖地在我国三江平原的松嫩平原、俄罗斯的远东和日本等地。它在我国东南沿海各地及长江下游、朝鲜海湾、日本等地越冬。历史上丹顶鹤的分布区比现在要大得多，越冬地更为往南，可至福建、台湾、海南等地。由于这种鸟在文化中的特殊地位，地方志书中一直有着详细的记载，为研究它的古代分布提供了翔实的资料。

另一种十分珍贵的黑颈鹤，同为大型飞行涉禽，具有足长、喙长、颈长的典型涉禽类特征。体羽为灰白色，头顶皮肤血红色，并布有稀疏发状羽。除眼后和眼下方具一小白色或灰白色斑外，头的其余部分和颈的上部约2/3为黑色，故称黑颈鹤。栖息于海拔2500～5000米的高原，通常生活在沼泽地、湖泊及河滩等湿地环境。黑颈鹤为候鸟，每年早春3月集群离开越冬地云贵高原北上迁至青藏高原东北部，在高寒草甸沼泽地或湖泊河流沼泽地中选择适宜的居所，于4月下旬开始繁殖育幼。到了10月下旬则飞到青藏高原东南部、云贵高原及中印、中巴边境过冬。

丹顶鹤和黑颈鹤都属于国家一级保护动物。

古人与鹤的关系特别密切，林和靖就有"梅妻鹤子"之传奇，而清代书法大家邓石如与鹤的故事则不太为人所知。邓石如家中养有两只鹤。据说，这两只鹤的年龄至少有130岁。一日，雌鹤死去了，仅隔十几天后，邓石如的发妻沈氏也相继去世。59岁的邓石如伤心至极，雄鹤也孤鸣不已，与他相依为命。因不忍再看孤鹤悲戚的样子，邓石如于是择地三十里外的集贤关佛寺，将鹤寄养僧舍中。从此，他担粮饲鹤，三十里往返，每月坚持不懈。忽然有一天，正在扬州大明寺小住的他得到传报，雄鹤被安庆知府看中，抓回了府中。他即刻启程赶回安庆，用行书写下了措辞严厉的《陈寄鹤书》向

黑颈鹤

知府陈情索鹤。雄鹤归后，邓石如更是终日与它相伴，晨昏无间。邓石如死时，那鹤发出尖厉的唳声，哀鸣数日后，打了一个旋，消失在大漠青空之中，羽化而去。

而现代人不去动物园，是很难见到鹤了，但却对这种仙禽有着无穷的念想。折千纸鹤，便是一种有点孩子气的游戏，比起鲁班的纸鸢来，格局实在是小了。我们已经没有古人那么博大和宏大的梦想，我们只有一颗弱弱的想飞翔的心。

东方白鹳：君问归期定有期

现代散文家陆蠡写了一篇《鹤》，文中叙述他十七八岁时，邻哥儿在平头潭边捉到一只鸟，"长脚尖喙，头有缨冠，羽毛洁白"。开始，以为是一只鹤，抢回家里养，只见这只鸟"样子却相当漂亮，瘦长的脚，走起路来大模大样，像个'宰相步'"，"头上有一簇缨毛，略带黄色，尾部很短"，"老是缩着头颈，有时站在左脚上，有时站在右脚上，有时站在两只脚上，用金红色的眼睛斜看着人。"他们将这只鸟养了相当时日，有一天，他的舅父来了，才知道这是一只"长脚鹭鸶"。陆蠡所描述的这只漂亮的鸟，实际上应叫"东方白鹳"，属于国家一级保护动物。

043

最美的鸟兽

东方白鹳

东方白鹳别名老鹳，属于鹳科，大型涉禽。全长约 120 厘米。体羽白色。眼周红色，前颈下部有饰物。肩羽、翅覆羽、飞羽黑色，具光泽。嘴长而粗壮，黑色。腿、脚红色。在沼泽、湿地、塘边涉水觅食，主要吃鱼、蛙、昆虫等。3 月份开始繁殖，筑巢于高大乔木或建筑物上，每窝产卵 3~5 枚，白色，雌雄轮流孵卵，孵化期约 30 天。我国东方白鹳约有 2500~3000 只。在东北中、北部繁殖；越冬于长江下游及以南地区。

东方白鹳除了在繁殖期成对活动外，其他季节大多进行群体活动，特别是迁徙季节，常常聚集成数十只，甚至上百只的大群。觅食时常成对或成小群漫步在水边或草地与沼泽地上，步履轻盈矫健，边走边啄食。休息时常单腿或双腿站立于水边沙滩上或草地上，颈部缩成 S 形。有时也喜欢在栖息地的上空飞翔盘旋。在地面上起飞时需要先奔跑一段距离，并用力扇动两翅，待获得一定的上升力后才能飞起。飞翔时颈部向前伸直，腿、脚则伸到尾羽的后面，尾羽展开呈扇状，初级飞羽散开，上下交错，既能鼓翼飞翔，也能利用热气流在空中盘旋滑翔，姿态轻快优美。东方白鹳的性情机警而胆怯，常常避开人群。如果发现有入侵领地者，就会用上下嘴急速拍打，发出"嗒嗒嗒"的响声，并且颈部伸直向上，头仰向后，再伸向下，左右摆动，两翅半张，尾羽向上竖起，两脚不停地走动，表现出一系列特有的恐吓行为。

另一种同属国家一级保护动物的黑鹳，别名乌鹳，身型比东方白鹳略小，生活习性相似。在东北、河北、新疆及甘肃北部繁殖；长江流域

及以南地区越冬。黑鹳上体、翅、尾、胸部羽毛黑色，泛有紫绿色光泽。如果说东方白鹳是一块白玉，那么黑鹳就是一块乌金了。

黑鹳

"问我祖先在何处，山西洪洞大槐树。祖先故居叫什么？大槐树下老鹳窝。"这老鹳窝和大槐树一样，都成了点燃乡思的符号。每年到了冬天，北方的老鹳就会离开窝飞向南方，仿佛外出求学或南下打工的游子，然而，来年春天，这些老鹳还会准时回来，在大槐树下继续生活和繁衍，只是当初同时出发的游子，能回来十之一二吗？

候鸟有归期，游子散天涯。

最美的鸟兽

黑脸琵鹭：东方大天鹅

凡是优雅的事物，必定脖子长，如天鹅，如奥黛丽·赫本。

凡是俏皮的事物，必定嘴巴大，如鹈鹕，如茱莉亚·罗伯茨。

然而有一种鸟，脖子既长，嘴巴又大，却成功塑造了优雅的形象，被称为"黑面天使"。

黑脸琵鹭属鹳形目、鹮科、琵鹭亚科。族群全世界共六种，其中以黑脸琵鹭数量最为稀少，属于全球濒危物种。

初看黑脸琵鹭，最显眼的就是那一张嘴了，因其扁平如汤匙状，与中国乐器中的琵琶极为相似，故而得名，又称饭匙鸟、琵琶嘴鹭。

优雅的大嘴

黑脸琵鹭一般栖息于内陆湖泊、水塘、河口、芦苇沼泽、水稻田以及沿海岛屿和海滨沼泽地带等湿地环境。它们喜欢群居，每群为三四只到十几只不等，更多的时候是与大白鹭、白鹭、苍鹭、白琵鹭、白鹮等涉禽混杂在一起。它们的性情比较安静，常常悠闲地在海边潮间地带、红树林以及咸淡水交汇的基围（即虾塘）和滩涂上觅食，中午前后栖息在虾塘的土堤上或稀疏的红树林中。

黑脸琵鹭觅食的方法通常是用长喙插进水中，半张着嘴，在浅水中一边涉水前进，一边左右晃动头部扫荡，通过触觉捕捉到水底层的鱼、虾、蟹、软体动物、水生昆虫和水生植物等各种生物，捕到后就把长喙提到水面外边，将食物吞吃。

黑脸琵鹭的繁殖期为每年的 5~7 月，但常常 3~4 月就来到繁殖地区。它们营巢在水边悬崖上或水中小岛上，常常两三对一起在临水的高树上营巢。巢的形状像一个盘子，主要由干树枝和干草等构成。

和鹤、鹳等长腿涉禽一样，琵鹭家族中也有一黑一白的组合。白琵鹭和黑脸琵鹭的生活习性差不多，体羽也都是白色的，后枕部都有长羽簇构成的羽冠。只不过白琵鹭的眼先、眼周、颏、上喉裸皮是黄色的，而黑脸琵鹭长着一张黑脸，它的额至面部皮肤裸露，呈黑色，嘴巴也是黑色的，仿佛是涉禽中的包公。

相对说来，黑脸琵鹭更珍贵一些，现存约 400 只，主要分布于我国、俄罗斯、朝鲜及日本。在我国东北可能有繁殖地，但迄今尚无确证。我国发现的黑脸琵鹭大部分为迁徙及越冬种群，台湾省台南县曾文溪口海岸滩涂是世界最大的越冬种群栖息地，多时可达 200 只；海南东寨港自然保护区、广东福田自然保护区及香港米埔自然保护区也曾记录有数十只的越冬小群。

047

最美的鸟兽

　　黑脸琵鹭飞行时姿态优美而平缓，颈部和腿部伸直，有节奏地缓慢拍打着翅膀。

　　夏天的黑脸琵鹭分外美丽，冠羽比冬天时要更长更突出，而且从白色转为闪耀的金黄色，连胸羽也染上了一抹金黄，再加上黑色的嘴、白色的身体，构成了一幅黄、黑、白色彩对比强烈的画面。

　　当黑脸琵鹭在空中飞过的时候，画就变成了诗，变成了交响乐——嘴如琵琶，翅如手风琴，足如黑管，共同演奏出不逊于圣·桑《天鹅》的优雅。

　　但愿不会成为绝响。

卷羽鹈鹕："大嘴哥"的母爱

在动画片《海底总动员》里，有一只善良的鹈鹕，帮了小丑鱼尼莫很大的忙。

鹈鹕最夸张的地方，就是它的大嘴。其实再看仔细点，它不仅嘴巴宽大，直长而尖，而且嘴的下面有一个与嘴等长且能伸缩的皮囊。真是名副其实的大嘴哥。

这里要介绍的卷羽鹈鹕，是鹈鹕科中一个比较独特的品种，产于新疆、青海及山东以南沿海等地。属于国家二级保护动物。

卷羽鹈鹕别名塘鹅、鹈鹕，大型涉禽。全长约180厘米。全身灰白色，枕部的羽毛延长卷曲。夏季腰和尾下覆羽略沾粉红色。嘴、眼周裸皮及喉囊黄色，脚肉色。栖息于湖泊、江河、沿海水域，喜群居和游泳，但不会潜水。以鱼为主食。

成年鹈鹕一般配对生活，在地面营巢产卵。每窝产卵 1～3 枚。两性孵卵并

049

最美的鸟兽

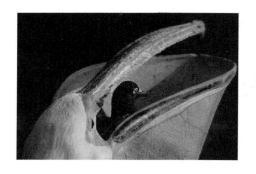

　　喂雏。刚出蛋壳的小鹈鹕体色灰黑，不久就生出一身浅浅的白绒毛。鸟类的嗉囊一向是母爱的象征，而鹈鹕除了嗉囊外，还有一个特别的皮囊。所以，它的母爱也就特别泛滥了。我们经常可以看到这样的经典场景：亲鸟以半消化的鱼肉喂雏鸟，等雏鸟长大后，把头伸进亲鸟张开的嘴巴的皮囊里，啄食带回的小鱼。

　　而在《海底总动员》里面，那只善良的鹈鹕就是把小丑鱼装在皮囊里跑来跑去，观众自然不会担心它把小丑鱼给一口吞了。这就是动画片，它总给予我们一个不一样的世界，一个更加理想、更加纯净、更加友爱的世界。

朱鹮：从未央宫飞来

如果说有一种鸟，集合了丹顶鹤的朱红冠冕、白鹭的洁白外衣、黑脸琵鹭的优雅身姿，那就是朱鹮，一种神奇的鸟，一种被以为已经灭绝又奇迹般重生的鸟。

朱鹮是一种中型涉禽，体长 67 ~ 69 厘米，体重 1.4 ~ 1.9 千克，体态秀美典雅，行动端庄大方，十分美丽动人。与其他鸟类不同，它的头部只有脸颊是裸露的，呈朱红色，虹膜为橙红色，黑色的嘴细长而向下弯曲，后枕部还长着由几十根粗长的羽毛组成的柳叶形羽冠，披散在脖颈之上。腿不算太长，胫的下部裸露，颜色也是朱红色。一身羽毛洁白如雪，两个翅膀的下侧和圆形尾羽的一部分却闪耀着朱红色的光辉，显得淡雅而美丽。飞翔的时候，朱鹮就如同一朵被朝霞镀上绯红色的祥云，其优美的姿态大约只有非洲的火烈鸟稍可比拟。

朱鹮性情温顺而沉静，胆怯怕人，平时成对或小群活动。在野生环境中非常喜欢湿地、沼泽和水田。它们在水田中觅食，喜欢栖息于海拔 1200 ~ 1400 米的疏林地带的高大树木上，以小鱼、蟹、蛙、螺等水生动物为食，兼食昆虫。每年 3 月到 5 月是朱鹮的繁殖季节，它们选择高大的栗树、白杨树或松树，在粗大的树枝间，用树枝、草棍搭成一个简陋的巢。朱鹮的巢平平的，中间稍下凹，像一个平盘子。雌鸟一般产

051

最美的鸟兽

2～4枚淡绿色的卵。经30天左右的孵化，小朱鹮破壳而出。60天后，雏鸟的羽翼丰满起来，但还远没发育成熟，它们的羽毛比成熟朱鹮的颜色稍深，呈灰色。直到3年之后，小朱鹮才完全发育成熟，并开始生儿育女。

我国古代称朱鹮为朱鹭，《汉乐府·朱鹭》中曾写道："朱鹭，鱼以鸟。鹭何食，食茄。不之食，不以吐，将以问谏者。"可见当时朱鹮是很常见的水鸟，我国民间把它看作是吉祥的象征，称为"吉祥之鸟"。

绝胜绯云漫天飞

朱鹮曾广泛分布于东亚地区，包括中国东部、日本、俄罗斯、朝鲜等地。20世纪中叶以来，由于人类社会生产活动对环境的影响，主要是冬水田数量的减少、化肥和农药对环境的污染、森林减少和人为干扰等原因，使得朱鹮对变化了的环境难以适应，其数量急剧减少。1952年日本将朱鹮定为"特别天然纪念物"；1960年在东京召开的第12次国际鸟类保护会议上被定为"国际保护鸟"；1967年韩国政府也将朱鹮定为"198号天然纪念物"。60年代末苏联境内朱鹮绝迹，70到80年代在朝鲜半岛消失，随后日本血统的最后一只朱鹮阿金去世，日本朱鹮灭绝。

这时，整个世界的眼光都转向了中国。我国自从1964年在甘肃捕获一只朱鹮以来，一直没有发现朱鹮的踪迹，为了查明朱鹮在中国的生存情况，中国科学院一支科考队在全国范围内对朱鹮可能存在的地区开展专项调查。在随后的 3 年多时间里，考察队行程 5 万多公里，踏遍了黑龙江、陕西、甘肃等 16 个省的 260 多个朱鹮历史分布点，最后终于在 1981 年 5 月，在陕西省汉中市洋县发现 7 只野生朱鹮，从而宣告在中国重新发现朱鹮野生种群，这也是世界上仅存的一个朱鹮野生种群。

此后针对朱鹮的保护和科学研究进展顺利，并取得显著成果。特别是饲养繁殖方面，于 1989 年在世界上首次人工孵化成功，自 1992 年以来，雏鸟已能顺利成活。至 1995 年，中国的野生朱鹮种群约 35 只，饲养种群有 25 只，为拯救这一珍禽带来了希望。目前，朱鹮已近 2000余只。

这一从汉代未央宫旁飞来的精灵，已经飞出了濒临绝种的阴霾，将如同天边的祥云，长久地飞翔在人们的视线里。

053

最美的鸟兽

枭：勇猛与智慧并重

历代英雄之中，有许多儒家十分推崇的人物，才干和品格都相当完美；但也有一些人物，有着大谋略、大才干和大气魄，但个人品质上有瑕疵，甚至有那么一点不择手段。这样的人物，往往被称为"枭雄"，如曹操、朱元璋。

在枭身上，有着一种异相之美。外貌丑陋，叫声凄厉，给人以恐怖的感觉，其实，许多古代帝王恰恰是有着异相，比如赵匡胤、朱元璋。即使是那些没有能够做成皇帝的人物，也多长得怪异不凡，如项羽有重瞳，刘备双臂过膝。

枭雄范儿

在枭身上，有着一种阳刚之美。它的体型并不算大，但却很有力量，而且善于把握时机，善于出其不意，出击成功率很高。这也让人联想起曹操，他身材并不高大，还因此而有些自卑。一日要见匈奴使臣，曹操认为自己形象丑陋，不足以向远方的国家"示威"，便让崔季珪代替，自己举着刀站在床边。见面完毕以后，让间谍问匈奴使臣："魏王怎么样？"匈奴的使臣回答说："魏王风雅威望不同常人，但床边举着刀的那个人，才是真正的英雄。"

在枭身上，也有一种智慧之美。在西方，猫头鹰同样是智慧的象征。古希腊的智慧女神雅典娜的爱鸟是一只小枭。枭，也作"鸮"，即猫头鹰，被认为可预示事件而成为智慧的象征。另一方面，它们在夜间活动且发出不祥之声，也成为与神秘和超自然现象有关的象征。如果比之以人类社会，那么枭雄的出现，在其本身呼风唤雨、大显才干的时候，是否也会给黎民百姓带来不祥和灾难呢？

我国常见的枭有红角鸮、雕枭、鸺鹠、长耳鸮和短耳鸮。红角鸮是一种小型鸮类，比鸽子还小一些，上体褐色，有黑色和黄褐色斑；后头部有黄白色斑，下体淡褐色有暗褐纵纹，头上有两簇小型耳羽。栖于山地、林中深处，平时昼伏夜出，嗜食昆虫。遍布于我国东北、河北、陕西、甘肃等地，为留鸟。雕枭是大型鸮类，体长约半米，体褐色，有黑斑纹，耳羽甚长，尾短、翼宽；下体有黑纵斑，胸部斑比腹部斑宽大。留居于东北、河北及山西等地。鸺鹠是我国南方普遍分布的一种小型鸮类，它的整个上体以棕褐色为主，密布有狭细的棕白色横斑；翅及尾羽黑褐色，在尾羽上有六条鲜明的白色横带，头部不具耳羽，这些特征使它很容易与红角鸮区别开来。

雪枭

鸺鹠是昼夜活动，因而白天在林中也很容易遇到它，为我国南方留鸟。主要以昆虫为食，也吃鼠类及青蛙等。

长耳鸮和短耳鸮也都是著名的益鸟。长耳鸮上体黄褐色，有密集的黑褐色斑，下体淡色，有黑褐色纵斑，耳羽长。栖于低山地带、平原森林中，白天很少活动，黄昏后飞出觅食，以小型兽类和昆虫、小鸟为食，分布于我国东北、西北、新疆等地。短耳鸮与长耳鸮

鸿雁

外形十分相似，但比长耳鸮色淡，下体有十字形黑褐色纹，耳羽较小。栖于平原、耕地、草原等地，昼间常潜伏于草丛，夜间觅食，以啮齿类为主。繁殖于我国北方，越冬时遍及全国。

如果说对于"鸮"的评价是"三七开"，那么与鸮相比，鸿在古代是一种相当正面的鸟，几乎是儒学的典范了。鸿就是大雁，一种会"写字"的鸟，一种有书卷气的鸟，一种有志向的鸟，一种会为人传信的鸟，代表着理想，代表着气节，代表着长征，代表着沟通，甚至代表着仁爱，代表着渊博。一个人能成为鸿儒，就达到儒家所推举的高境界了。但鸿儒的迂腐，似乎又是一个通病。

这个世界在遭遇祸乱、眼看就要分崩离析的时候，是更需要鸮雄还是更需要鸿儒呢？

鸿儒精神

海东青：万鹰之神

海东青已经是一个神话了。

海东青是鹰科鸟类矛隼东北亚种的汉语俗称。矛隼是一种猎鹰，分布在北极以及北美洲、亚洲的广大地区，其东北亚种在我国原产于黑龙江、吉林等地。满族人的先祖肃慎族人称其"雄库鲁"，意为世界上飞得最高和最快的鸟，有"万鹰之神"的含义。传说中十万只神鹰才出一只"海东青"，是肃慎（满族）族系的最高图腾，代表着勇敢、智慧、坚忍、正直、强大、开拓、进取、永远向上、永不放弃的正能量。

满族是以射猎著称的民族，其先祖肃慎先民们很早就懂得捕鹰，驯化后，用来帮助猎户捕获猎物，俗称"放鹰"。早在唐代，"海东青"就已是满族先世靺鞨朝奉中原王朝的名贵贡品。唐代大诗人李白曾有诗："翩翩舞广袖，似鸟海东来。"《本草纲目》中记载："雕出辽东，最俊者谓之海东青。"由于海东青都是野生野长，不易捕捉和驯化，在金元时期甚至有这样的规定：凡触犯刑律而被放逐到辽东的罪犯，谁能捕捉到海东青呈献上来，即可赎罪，传驿而释。因此，当时的可汗贝勒、王公贵戚，为得名雕不惜重金购买，成为当时一种时尚。到了满族

最美的鸟兽

当家的清朝，海东青的地位也更加水涨船高。康熙皇帝赞美海东青："羽虫三百有六十，神俊最数海东青。性秉金灵含火德，异材上映瑶光星。"不仅宣扬了武

德，激励军勇，更夸耀海东青性情刚毅而迅猛，其品质之优秀可与天上的星星相辉映，其力之大，如千钧击石，其翔速之快，如闪电雷鸣。

准备出击

海东青勇猛凶悍，对猎物常常一击即中，还常常上演"以小制大"的好戏。在吉林敦化一带流传着《阿玛有只小角鹰》的歌谣："拉特哈，大老鹰，阿玛有只小角鹰。白翅膀，飞得快，红眼睛，看得清。兔子见它不会跑，天鹅见它就发懵。佐领见了睁大眼，管它叫作海东青。拴上绸子戴上铃，吹吹打打送进京。皇上赏个黄马褂，阿玛要张大铁弓。铁弓铁箭射得远，再抓天鹅不用鹰。"

海东青颜色不一，以纯白色、天蓝色、纯黑色为上品。又以纯白的"玉爪"为上品，另有秋黄、波黄、三年龙等名目。

金雕：金色轰炸机

如果说海东青是鸟类中的战斗机，那么金雕就是鸟类中的战略轰炸机了。顺便说一句，俄罗斯的苏47，就被称为"金雕"。

金雕全长76～102厘米，翼展达2.3米，体重2～6.5千克。体羽主要为栗褐色。未长成时，头部及颈部羽毛呈黄棕色；除初级飞羽最外侧的三枚外，所有飞羽的基部均缀有白色斑块；尾羽灰白色，先端黑褐色，长成后，翅和尾部羽毛均不带白色；头顶羽毛加深，呈现金褐色。也正是这点金色，使得金雕显得越发矜贵，也更有帝王般的霸气。我甚至联想到古埃及戴着黄金面具的法老，对手下的臣民生死予夺。

金雕生活在草原、荒漠、河谷，特别是高山针叶林中，最高达到海拔4000米以上。分布于我国东北及中西部山区。属于国家一级保护动物。

孔武有力的金雕性格凶猛，主要捕食大型的鸟类和中小型兽类，所食鸟类有赤麻鸭、斑头雁、鱼鸥、雪鸡，兽类有岩羊幼仔、藏原羚、鼠兔、兔、黄鼬、藏狐等，有时也捕食家畜和家禽。金雕的腿上全部披有羽毛，脚是三趾向前，一趾朝后，趾上都长着锐如狮虎的又粗又长的角质利爪，内趾和后趾上的爪更为锐利。抓获猎物时，它的爪能够像利刃一样同时刺进猎物的要害部位，撕裂皮肉，扯破血管，甚至扭断猎物的脖子。巨大的翅膀也是它的有力武器之一，有时一翅扇将过去，就可以将猎物击倒在地。

哈萨克人训练金雕

「最美中国」丛书

金雕通常单独或成对活动，冬天有时会结成较小的群体，但偶尔也能见到 20 只左右的大群聚集一起捕捉较大的猎物。白天常在高山岩石峭壁之巅以及空旷地区的高大树上歇息，或在荒山坡、墓地、灌丛等处捕食。它善于翱翔和滑翔，常在高空中一边呈直线或圆圈状盘旋，一边俯视地面寻找猎物，两翅上举呈"V"状，用柔软而灵活的两翼和尾的变化来调节飞行的方向、高度、速度和飞行姿势。发现目标后，常以每小时 300 千米的迅雷不及掩耳之势从天而降，并在最后一刹那戛然止住扇动的翅膀，然后牢牢地抓住猎物的头部，将利爪戳进猎物的头骨，使其立即丧失性命。

经过训练的金雕，可以在草原上长距离地追逐狼，等狼疲惫不堪时，一爪抓住其脖颈，一爪抓住其眼睛，使狼丧失反抗的能力，曾经有过一只金雕先后抓狼 14 只的记录。相比之下，它的运载能力较差，负重能力还不到 1 千克。在捕到较大的猎物时，就在地面上将其肢解，先吃掉好肉和心、肝、肺等内脏部分，然后再将剩下的分成两半，分批带回栖宿的地方。

虎头海雕

新疆哈萨克人训练有素的金雕除了狩猎，最大的一个用处是看护羊圈。它们驱赶起野狼来可谓是轻车熟路，周围是根本不需要牧人的。

顺便说说另一种海上战略轰炸机——虎头海雕。虎头海雕是现今所知世界上最重的鹰，平均每只重约6.8公斤。因头部为暗褐色，且有灰褐色的纵纹，看似虎斑，故而得名。在我国产于黑龙江、辽宁、河北、山西、台湾。由于环境污染导致渤海鱼类死亡，虎头海雕的食物锐减，致使其种群数量持续下降。属于国家一级保护动物。

061

最美的鸟兽

绿孔雀："六公斤"翡翠

云南产翡翠，也产翡翠般的鸟儿——绿孔雀。

绿孔雀也叫爪哇孔雀、龙鸟，是孔雀属两种孔雀之一，另一种是蓝孔雀。绿孔雀的羽毛颜色鲜艳，可以起到保护色的作用，因为大多数捕食者，例如虎、豹、野狗、猫头鹰、鹰等都没有辨色能力。绿孔雀产于东南亚的广大地区，如印度东北部、缅甸、老挝、越南、柬埔寨、印度尼西亚的爪哇岛，在我国主要发现于云南和西藏地区，数量稀少，被列为国家一级保护动物。

绿孔雀是体型最大的雉科鸟类，堪称鸟类中的"巨人"之一。体长为1～2米，体重一般为6千克，所以在云南泸水俗称为"六公斤"，而体重较大的可达7.7千克。它的雄鸟和雌鸟体羽大体相似，但雌鸟没有尾屏。雄鸟羽毛绮丽华美，头上一簇别具风度的冠羽长达10厘米，高高地耸立着，中央部分为辉蓝色，围着翠绿色的宽缘，脸部为淡黄色。苍绿色的头和颈，微微闪着紫光，背部的羽毛像绿玉一般，周围镶着黑边，中央嵌一个半椭圆形的青铜色的斑；胸部的羽毛也是绿色，只有腹部颜色较暗。翅膀不大，上面覆盖着黄褐、青黑、翠绿的羽毛，也是色彩缤纷，在阳光的照耀下，由于羽毛彩色的反光率不同，更显得华丽多彩，鲜艳夺目。

最让绿孔雀自豪的是它的尾屏。绿孔雀的尾巴并不长，构成尾屏的是它尾上的覆羽。这些长长的尾羽是身长的两倍，平时合拢拖在身后，开屏时屏面宽约 3 米，高达 1.5 米。这些羽毛绚丽多彩，羽支细长，犹如金绿色丝绒，而尖端渐渐转为黄铜色。有一部分尾上覆羽的末梢构成一种五色金翠钱纹的图案，有一百多个，闪闪发光，最外面是紫色的椭圆圈，次外圈是黄色圈，中间是翠绿的扇形，上面又有一个蓝黑色的蝶形，圈内其余部分为金黄色，圈外还有很多长短不一，呈褐、紫等颜色的细丝，犹如鲜艳夺目的锦缎。

绿孔雀的家庭结构，颇有些"封建意味"。常常是一雄配数雌，三五只一小群活动。清晨云雾弥漫的时候，孔雀就悄悄走到河边，先汲水、理羽梳妆，然后才结队到树林里去觅食。中午时分，阳光强烈，它们就躲到树荫里去休息。几个小时之后，才出来四处觅食。直到黄昏降临，它们才飞回树林，躲在密枝浓叶当中睡觉，有时也立于栖木发出洪亮如长号般的叫声。主要食蕈类、浆果、谷物种子、草籽等，也兼食昆虫、蛙类、蜥蜴等。

　　绿孔雀端庄、聪敏，机警而又羞怯，它是一种象征吉祥如意的幸福鸟，自古以来就深受人们的喜爱。孔雀的美丽羽毛，历来是人们喜爱的装饰品，清代时，以其与褐马鸡尾羽配合制成"花翎"，以翎眼多寡区别官阶等级。孔雀的行止动作，宛若舞姿，民间模仿其动作编成"孔雀舞"，舞姿矫健优美，令人陶醉。

　　大自然的所有事物，都不是"取之不尽，用之不竭"，翡翠总是采，也会采完。"流动的翡翠"数量已经极少极少了，据统计，绿孔雀在云南的分布区已缩小到只有 30 多个县，种群数量 1000 多只，而在西藏东南部的数量尚不足 100 只。

　　"翡翠"看看就好，又何必顶在头上、戴在身上呢？

红腹锦鸡：大武生驾到

　　小时候听评书，每当听到"雉鸡翎"的时候，就知道一位英俊的武生要登场了。雉鸡即野鸡，天生好斗，那么把雉鸡翎插到头上，就既承袭了鸡的勇敢，又增添了一种性感。

　　后来看京戏，发现戏曲中的翎子是用野鸡尾部最长的羽毛制成的，长度可达五六尺，颜色艳丽又光亮，插在头盔上，确实显得人物英俊潇洒。尤其是武将，更加突出其威武雄壮。戏曲人物把雉翎加长，除起装饰作用外，还通过舞动翎子，做出许多优美的身段动作，借以表现人物的心理、神态。怪不得孙悟空、吕奉先等头上的雉鸡翎都快和本人一样长了。

065

最美的鸟兽

顾盼自雄

古人称鸡有"五德"："头上有冠是文，脚下雄健是武，临敌敢斗是勇，见食呼友是仁，按时报晓是信。"而比起普通的鸡来，雉鸡自然多了一份野性、一份果敢，也多了一份气势、一份高贵。瞧，它除了模样俊俏外，势子还特别正。站立的时候气质高雅，双目有神；行走的时候稳步矫健，气宇轩昂；飞翔的时候，体态轻盈，威武凌厉。无论是站立还是飞翔，那尾巴上的长长

华丽的背影

的尾羽使得雉鸡和其他鸟一比有迥然不同的感觉。难怪在尚武的汉武帝时期，便有武将常在盔冠上插上两根雉鸡翎，作为骁勇善战的象征。

如果说雉鸡是天生的武生，那么红腹锦鸡就是武生之王了。红腹锦鸡别名金鸡、锦鸡、别雉、采鸡。中型陆禽。雄鸟长约1米，雌鸟长约60厘米。体重约650克。雄鸡上体除上背为浓绿色外，主要是金黄色，下体通红。头上具金黄色丝状羽冠，且披散到后颈。后颈生有橙褐色并镶有黑色细边的扇状羽毛，形如一个美丽的披肩，闪烁着耀眼的光辉。尾羽长，超过体躯两倍，羽色黑而密杂以橘黄色点斑。走路时尾羽随着步伐有节奏地上下颤动。相比之下，雌鸟就要逊色很多，上体及尾大都棕褐，而满杂以黑斑，腹纯淡无光。

红腹锦鸡是我国的特产种类，没有亚种分化，分布于河南、云南东北部、西藏东南部、青海东南部、宁夏南部、湖北西部、湖南、广西、四川、重庆、贵州、陕西南部、甘肃、长白山脉等地。属于国家二级保护动物。

在雉鸡的世界上，"男女"是极其不平等的，雄雉鸡不仅在外形上要漂亮很多，而且在家庭生活中也特别霸道，特别喜欢交配，通常5只

母鸡搭配一只公鸡才算合适。

或许是人们为了找平衡，也让巾帼英雄插起雉鸡翎来了。其中最著名的要数穆桂英了。刘兰芳的评书《杨家将》说穆桂英的时候也提到了雉鸡翎："枣红马上一员女将，头戴凤翅金盔，两肩搭狐狸尾，脑后雉鸡翎左右飘摆，身上披挂柳叶甲，内衬彩凤团花征袍，护心宝镜如明月，系着九股勒甲丝绦，五彩战裙遮马面，密密麻麻钉满金钉，左肋下挎宝剑，下穿水红中衣，凤头战靴插在葵花镫中，手里端着光闪闪、冷森森的一口秀绒刀。"

真是一派英姿飒爽，足以倾倒众生！"穆桂英挂帅"与"贵妃醉酒"，恰好构成了中国古代女性美的两极。大概老外看到，只会惊呼："Very sexy！"

中华秋沙鸭：鸭中之龙

　　宁夏的沙湖是一个神奇的所在，在沙漠中竟有如许的一个大湖。未去沙湖之前，就知道那里是鸟类的乐园，当时就在想，如果有中华秋沙鸭就好了。结果到了 2011 年 6 月，传来一条好消息：月初，沙湖自然保护区管理处与宁夏大学联合对沙湖进行科学考察时，首次在沙湖湖面观测到 8 只国家一级重点保护动物——中华秋沙鸭。

　　沙湖配沙鸭，真是天作之合。

水上圆舞曲

　　中华秋沙鸭是第三纪冰川期后残存下来的物种，距今已有一千多万年，是我国特产稀有鸟类，属国家一级重点保护动物，被列入国际自然资源保护同盟濒危鸟类红皮书和国际鸟类保护委员会濒危鸟类名录，是与大熊猫、华南虎、滇金丝猴齐名的国宝。原产地是我国吉林省长白山地区，分布范围狭小，只有零星个体偶尔飞到朝鲜和俄罗斯远东地区境内。数量极其稀少，全球目前仅存不足 1000 只。英国人于 1864 年在中国采到一只雄性幼鸭标本，并将其命名为"中华秋沙鸭"。由于这种鸭子以天然树洞为巢，又有人将它称作"会上树的鸭子"。

　　中华秋沙鸭又名鳞肋秋沙鸭。属雁形目，鸭科。体形稍小于绿头鸭。两肋的羽毛上具有黑色鳞纹是这种秋沙鸭最醒目的特征，所以早先的名字叫鳞肋秋沙鸭。此外，像凤头一样，脑后有两簇冠羽也是它的特有标志。两者合在一起，就使得这种鸭子集"鱼身"和"凤冠"于一体，真个是鸭中之龙了。冬季见于江苏沿海滩涂湿地及东南地区，繁殖于我国东北一带。

　　近年来，由于沙湖地区的生态环境有明显改观，所以才吸引了中华秋沙鸭这样的"贵客"。虽然我这次沙湖之行没有看到秋沙鸭，但我知道，它们一定生活得很快乐。可我在担心，它们要到哪里去找树洞呢？

069

最美的鸟兽

短尾信天翁：写给蓝天的情书

信天翁，是一封写给蓝天的情书。

信天翁是最善于滑翔的鸟类之一。在有风的气候条件下，能在空中停留几小时，就这么自在地在无边无际的蓝天上滑翔，根本无须拍动它们那极其长而窄的翅膀。

有趣的是，它们在岸上表现得十分驯顺，因此，许多信天翁又俗称"呆鸥"或"笨鸟"。我以为，这才真正是天才的生活，在该炫技的时候炫技，平素的大多数时候则是木讷，似乎智商低于常人。但别看它一副呆呆的样子，其实是在酝酿，是在构思情书呢。

信天翁也像其他鸟一样，能喝海水。通常以乌贼为食，也常跟随海船吃船上的剩食。信天翁仅在繁殖时才成群地登上远离大陆的海岛。在那里，成群或成对从事交配活动，其中包括展翅和啄嘴表演，伴随着大声鸣叫。每窝产一枚大白卵，产在地面上或简易堆起的巢里。信天翁寿命很长，是仅有的能活到老死的鸟类之一。海员一度对它们颇为敬畏，认为杀死信天翁会带来厄运。

信天翁是 14 种大型海鸟的统称。短尾信天翁是其中一个珍贵的品种，外形似海鸥。长约 92 厘米，全身白色，头顶、枕沾橙黄色，翅、肩和尾灰褐色，内侧翼上覆羽白色。头大，嘴长而强，鼻成管状，颈短。体躯粗

壮结实，尾巴很短，翅膀却特别夸张，狭而大，长达55厘米以上，这正是它滑翔的利器。短尾信天翁分布于我国沿海各省，种群数量甚稀少。繁殖在台湾北部钓鱼岛及赤尾屿，过去也见于澎湖列岛。属于国家一级保护动物。

短尾信天翁可以活到40～60年。它们可以在海上飞5年之后才回到其出生的岛屿陆地。一般在6岁时开始配对，一旦配对便结成终身伴侣。每年在10月底回到同一个地方见面，以沙、灌木枝和火山岩筑巢。一对只下一个蛋，父母轮流孵蛋，约65天孵出。5月底6月初，小鸟几乎长成的时候，父母抛弃鸟巢和小鸟。这时的小鸟，翅膀还远远谈不上硬朗，但一切只有靠自己，咬着牙也要尽快学会飞翔。

时不我待，面对和大海一样辽阔的天空，小短尾信天翁该交出自己的情书了。

071

最美的鸟兽

白腹军舰鸟：优雅的海盗

　　军舰鸟，一个古怪的名字。我起初以为它是靠"傍军舰"来占点便宜的小东西，后来才知道，它本身就猛如军舰。

　　军舰鸟名字的由来要从它的生活习性谈起。军舰鸟有对长而尖的翅膀，极善飞翔。当它两翼展开时，两个翼尖间的距离可达 2.3 米。白天，军舰鸟几乎总是在空中翱翔的。它能在高空翻转盘旋，也能飞速地直线俯冲，高超的飞行本领着实令人惊叹。军舰鸟正是凭借这身绝技，在空中袭击那些叼着鱼的其他海鸟。它常常凶猛地冲向目标，使被攻击者吓得惊慌失措，丢下口中的鱼仓皇而逃。这时，军舰鸟马上急冲而下，凌空叼住正在下落的鱼，并吞吃下去。由于这种海鸟的掠夺习性，早期的博物学家就给它起名为 frigatebird。frigate 是中世纪时海盗们使用的一种架有大炮的帆船。而在现代英语中，frigate 是护卫舰的意思。后来，人们干脆简称它为 man-of-war，意思是军舰。军舰鸟的名字就这样叫开了。

红腹军舰鸟

举个例子，如果军舰鸟看到邻居红脚鲣鸟捕鱼归来时，便会完全不顾"睦邻友好"，悍然对它们发起空袭，迫使红脚鲣鸟放弃口中的鱼虾，此时军舰鸟急速俯冲，攫取下坠的鱼虾，占为己有。由于军舰鸟

白腹军舰鸟

有"抢劫"行为，人们贬称它为"强盗鸟"。军舰鸟也不是从不到陆地上生活，更不是从来都不"自食其力"，它同时也是食腐鸟和一般的食肉鸟，经常捕捉小海龟和其他小鸟。

当海盗是需要本钱的，军舰鸟胸肌发达，善于飞翔，素有"飞行冠军"之称，它飞行时犹如闪电，捕食时的飞行速度最快可达每小时 418 千米，是世界上飞行最快的鸟。它不但能飞达约 1200 米的高度，而且还能不停地飞往离巢穴 1600 多千米的地方，最远处可达 4000 千米左右。军舰鸟在 12 级的狂风中也会临危不惧，能够安全从空中飞行、降落。

红脚鲣鸟

由于必须回陆地宿夜，军舰鸟在海上通常与陆地保持 160 千米以内的距离。和信天翁一样，军舰鸟在岛上群集繁殖，双亲共同抱卵，每窝只产 1 枚白色卵。

军舰鸟遍布于全球的热带和亚热带海滨和岛屿。在我国，却只在西沙群岛有这种鸟，大名白腹军舰鸟，属于国家一级保护动物。白腹军舰鸟全长约 95 厘米，为大型热带鸟类，喉部有喉囊，用以暂时贮存所捕食的鱼类。上

最美的鸟兽

体黑色，具绿色光泽。喉、颈、胸黑色，具紫色光泽。腹白，嘴黑，喉囊红色。雌鸟和雄鸟相似，但胸和腹白，嘴玫瑰色。白腹军舰鸟的分布范围不大，数量很稀少，估计全世界的总数尚不足 1600 对，已经被列入国际鸟类保护委员会的世界濒危鸟类红皮书中。

最后说说常被军舰鸟欺负的红脚鲣鸟，它也是国家二级保护动物呢。红脚鲣鸟别名鲣鸟，是属于鲣鸟科的一种游禽。全长 75 厘米左右，通体大部呈白色。雄鸟两翅黑褐色；雌鸟背、腰和尾上覆羽染灰褐色，尾羽先端白。脸侧裸皮黄色。嘴灰蓝，基部转为粉红或仅稍缀以红色。脚红色。营海洋群集生活。翅尖长，善飞行。繁殖期从 3 月至初秋。营巢于石滩或岛屿上的矮灌木和乔木上，偶然也在地面筑巢。每窝产卵 1～2 枚，椭圆形，表面粗糙，色青白。育雏期间，亲鸟反刍胃内食物哺喂雏鸟。

红脚鲣鸟也产于西沙群岛，温良恭俭让的它，很悲催地与白腹军舰鸟做了邻居。

银鸥：何日驾得彩云归

　　飞得最快的是军舰鸟，飞得最远的则是燕鸥。燕鸥是一种海鸥，因为尾巴像燕子，故有此名。

　　大凡海鸟，必有特殊的坚忍和才能，因为在辽阔的汹涌大海上，没有非凡的禀赋就难以生存。燕鸥就是大名鼎鼎的"飞远冠军"。它可以不费力地从南极洲飞到遥远的北极地区，行程 17600 多千米。主要食鱼类，春秋季节喜欢吃蝗虫和草地螟虫等，是草原和农业地区的益鸟。

燕鸥

　　同属益鸟的还有银鸥，也是大海上的精灵。

　　银鸥又名黑背鸥、淡红脚鸥、黄腿鸥、鱼鹰子和叼鱼狼，全长约60 厘米。它除了背部和翅膀是银灰色外，身体的其他部分都是纯白色

最美的鸟兽

的，十分美丽。和其他海鸥一样，银鸥也是杂食性的，它们的食物包括水里的鱼、虾、海星和陆地上的蝗虫、蟊斯及鼠类等。

银鸥是一种群居性鸟类，常几十只或成百只一起活动，喜欢跟随来往的船舶。在这一点上，银鸥似乎有点儿厚脸皮，如果船员丢弃一些吃剩的食物下来，银鸥就会一下子扎入水里。而且一鸟入水取食，群鸟紧跟而下，从远处望去，好似片片洁白的花瓣撒入水中，缓缓随水荡漾，别有一番风趣。

银鸥

对海员来说，银鸥是船舶即将靠岸的"活指示"。它们活动在近海附近，船员们发现了它们，就说明距岸已经不远了。所以说，银鸥称得上是"海上的喜鹊"呢！

银鸥一般会在陆地上或悬崖上生蛋，通常为三只。它们会像所有称职的父母那样，细心地保护这些蛋。它们的叫声很响亮悦耳，在整个北半球都很闻名。

已经是黄昏了，在晚霞的映照下，洁白的银鸥仿佛被镀上了一层玫瑰色，就像一首飞翔的诗。"海鸥飞处彩云归"，在大海上漂泊的海员看到这幅画面，肯定有点儿想家了，如果能够乘坐一朵彩色的祥云回家，那该有多好！

心有灵犀竞自由

藏羚羊：此兽只应天上有

　　就在十多年前，藏羚羊曾连续遭受劫难，如今，劫后重生的藏羚羊又"悲喜两重天"，待遇有了明显的改观，甚至可用"万千宠爱在一身"来形容，连电视新闻里也经常出现车辆避让藏羚羊的镜头了。

活在自己的天堂

　　其实，人类不必特意为藏羚羊做些什么，它不是一种自身濒临灭绝、适应能力差的动物，只要你不去管它，它自己就能活得好好的。只要你来到青藏高原，看到它们成群结队在雪后初霁的地平线上涌出，精灵一般的身材，优美得像飞翔一样的跑姿，你就会相信：它能够在这片土地上生存数千万年，是因为它就是属于这里的。

　　我未曾到过藏区，没有亲见这种世人瞩目的灵兽。2011 年我去喀纳斯，在一家旅游纪念品商店看到一幅藏羚羊的挂毯，当时就特别想买下来。可惜价格未谈拢。不想下山后到了一座叫布尔津的小城，却在集市上看到同样的挂毯，欣喜之余立即拿下，然后扛着上飞机，不远万里地驮回了家。

为什么一幅挂毯就让我如此钟情？可能是因为藏羚羊太圣洁了，连画在挂毯上的形象都闪烁着一种直抵人心的光芒，那竖琴般的长角似乎要奏出"只应天上有"的仙乐，把我整个人都给定住了，情不自禁地想与之朝夕相处。再一想实在很不理解，那些残害藏羚羊的盗猎者，又如何下得了手？

藏羚羊属牛科、藏羚属，别名藏羚、长角羊、羚羊，主要分布在青海、西藏、新疆三省区，现存野生种群数量约在20万～22万只。既是国家一级保护动物，也是列入《濒危野生动植物种国际贸易公约》中严禁贸易的濒危动物。

079

最美的鸟兽

藏羚羊背部呈红褐色，腹部为浅褐色或灰白色。成年雄性藏羚羊脸部呈黑色，腿上有黑色标记，头上长有竖琴形状的角用于御敌。雌性藏羚羊没有角。藏羚羊的底绒非常柔软，所制成的披肩称为"沙图什"，是世界公认的最精美最柔软的披肩。为了获取底绒就必须将藏羚羊杀死，一条披肩是以数只鲜活的藏羚羊的生命为代价而织成的。

为了适应严苛的高原生活，藏羚羊有许多法宝。例如它的每个鼻孔内还有一个小囊，其作用是为了帮助在空气稀薄的高原上进行呼吸。在那令人类望而生畏的"生命禁区"，到处尽是些不毛之地，植被稀疏，只能生长针茅草、苔藓和地衣之类的低等植物，而这些却是藏羚羊赖以生存的美味佳肴；那里湖泊虽多，但绝大部分是咸水湖，藏羚羊却仍然能从容生活。在那海拔四五千米的险恶之地，时时闪现着藏羚羊不屈而鲜活的生命色彩。

藏羚羊生存的地区东西相跨 1600 千米，季节性迁徙是它们重要的生态特征。藏羚羊在夏季的迁徙是全球最为恢宏的三种有蹄类动物大迁徙之一。因为母羚羊的产羔地主要在乌兰乌拉湖、卓乃湖、可可西里湖、太阳湖等地，每年四月底，公母羚羊开始分群而居，未满 1 岁的公仔也会和母羚羊分开，到五六月，母羚羊与它的雌仔迁徙前往产羔地产仔，然后母羚羊又率幼仔原路返回，完成一次迁徙过程。

虽然藏羚羊适应能力超强，但它们的平均寿命并不长，一般不超过8 年。它们宁愿待在这环境严苛的地方，也不愿被人类饲养，目前全世界还没有一个动物园或其他地方人工饲养过藏羚羊。

由此我想到我的那幅挂毯，能拥有这样一幅形象，已经是大自然对我的眷顾了。我将把它挂在书房的东墙，让它时刻朝着西方……

岩羊：不愿凝固在画中的精灵

我和岩羊的相遇特别巧，巧到像一个故事。

当时我们在贺兰山下看岩画，岩画上有岩羊的"镜头"，正看着看着，有人叫道："瞧，那边是什么！"

我们循声看去，只见在 200 米远的小山坡上，有几只灰褐色的小动物漫步。发现人声和人影，它们立即惊恐地避走，转眼就消失在山坳间了。

那一刻，仿佛这些精灵般的岩羊不是现实生活中的，而是从古老的岩画中走下来的，呼吸呼吸新鲜空气，然后又重归岩画中，屏住呼吸，等待着下一次的"放风"。

岩羊和藏羚羊同属偶蹄目牛科，只不过它是岩羊属的唯一种，因喜攀登岩峰而得名。又名石羊。

岩羊有 3 个亚种，分布于青藏高原、四川西部、云南北部、内蒙古西部、甘肃、宁夏北部、新疆南部、陕西。

岩羊中等体型，体长 1.15～1.65 米，尾长 10～20 厘米，肩高 75～90 厘米，体重 25～80 千克，雄性比雌性大；头较小，眼大，耳小，颏下无须；雌雄岩羊都有角，雄羊角粗但并不长，两角的基部接近，双角呈"V"形，向后外侧弯曲，外表具不明显的横棱，长达 80 厘米；体背面为棕灰或石板灰色，带有蓝色，与岩石的颜色极相近，腹面及四肢内侧为白色，四肢的前面为黑色。

"夕阳无限好，只是近黄昏"，岩羊恰恰喜欢在黄昏活动，常有一只或几只公羊立于高处突出的岩石上瞭望，当敌害开始接近时则迅速奔向高山裸岩地带，由于毛色与岩石极其相近，故不易被发现。夜间及中午在岩石或岩石旁休息；晨昏到小溪边

三江源头的岩羊

饮水。以草、小灌木、苔藓为主要食物。9 月交配；春季 4～5 月产仔，每胎 1～2 仔。

将近一万年前的贺兰山下，也是这样无限好的黄昏，岩羊也是这样在山间活动着，公羊望风，母羊歇息，小羊嬉戏……这样美妙的场景，被百无聊赖而又艺术之心萌芽的远古游牧民族看见，于是画在了坚硬的岩石上，凝固成永恒……

台湾鬣羚：烈火的战车

其实早在刘翔之前，亚洲人就在短跑项目上证明了自己。那是纪政，宝岛台湾的女田径运动员，20世纪60年代曾经多次打破短跑和跨栏的世界纪录，在当时有着"东方羚羊"之称。

凑巧的是，台湾本地就特产一种美丽的羚羊，叫作台湾鬣羚。在产地又有"野山羊""台湾羚羊"等俗名。主要生活于海拔 1000～3000米的高山密林、悬崖峭壁或者草原和平原地带。

最美的鸟兽

台湾鬣羚的形态与鬣羚十分相似，只是体形略小，颈部和背部的鬣毛较短。体长为 100～120 厘米，尾长 10～12 厘米，肩高 60～72 厘米，体重 50～60 千克。体色素雅，以黑灰色为主，下颌为淡黄色，有黄褐色的喉斑，腹面的颜色较浅，四肢的颜色却较深而黑，体毛粗糙，但显得非常密实，给人一种鲜明的立体感。雄兽和雌兽均有角，生于头的前部。角短而尖，直接向后伸出。吻鼻部裸露，眶下腺明显。耳朵狭长。四肢强健，尾巴较短。

台湾鬛羚经常单独出没或两三只在一起活动。主要在早晨和黄昏出来觅食，喜食青草、种子和菌类等。特别喜欢伫立在视野良好的悬崖之巅，向四处瞭望。它善于奔跑和跳跃，非常灵活，跳跃的高度可达 60 多厘米，奔跑的时速为 80 千米，能在碎石崖坡上用粗短的后腿用力一蹬，便可前后脚同时离地，凌空飞跃起来，然后前蹄轻巧而稳当地落在地上。这是因为它不仅具有良好的视力与平衡感，而且拥有擅长在峻岩峭壁行走的副蹄，在攀岩时可以利用副蹄紧紧地抓住地面，以坚硬的主蹄支撑着体重，蹄缘柔软富有弹性的角质层又能增加附着力，所以从来不会因失足而从悬崖峭壁上掉入万丈深渊。

台湾鬛羚的性情比较刚烈，遭到袭击后常与对方殊死搏斗。这似乎是羚羊的共性。曾有一则关于羚羊的壮烈故事是这样说的：一个猎人追赶羚羊，逼到较宽的悬崖处。为了让年轻羚羊得以逃脱，老羚羊本能地和年轻羚羊分成两组。两种羚羊同时跳跃，老羚羊跳得略低。年轻羚羊眼看就要下坠，老羚羊恰好出现在它身底下。一个猛蹬，年轻羚羊借力跳到悬崖对面，老羚羊则笔直下落，坠入深涧。见此情景，猎人目瞪口呆，感动不已。

以前不太相信这样的传奇，但是现在看着台湾鬛羚，我觉得羚羊大概真是能做出如此壮烈之举的动物，打个比方，它就是动物界的赛德克·巴莱。

伊犁马：沸腾的血从未冷却

"汗血宝马"，是马中龙凤。

它本名阿哈尔捷金马，此马产于土库曼斯坦科佩特山脉和卡拉库姆沙漠间的阿哈尔绿洲，是经过 3000 多年培育而成的世界上最古老的马种之一。阿哈尔捷金马头细颈高，四肢修长，皮薄毛细，步伐轻盈，力量大、速度快、耐力强。在疾速奔跑之中，汗血宝马的颈部会流出红色的汗滴，汗血宝马由此得名。

汗血宝马常见的毛色有淡金、枣红、银白及黑色等。它在历史上大都作为宫廷用马。亚历山大·马其顿、成吉思汗等许多帝王都曾以这种马为坐骑。中国对"汗血宝马"的最早记录是在 2000 年前的西

085

汉，汉初白登之战时，汉高祖刘邦率 32 万大军被匈奴骑兵所困，凶悍勇猛的匈奴骑兵给汉高祖留下了极深的印象，而当时，汗血宝马正是匈奴骑兵的重要坐骑。汉武帝元鼎四年（公元前 113 年）秋，有个名叫"暴利长"的敦煌囚徒，在当地捕得一匹汗血宝马献给汉武帝。汉武帝得到此马后，欣喜若狂，称其为"天马"。后来，西汉王朝又想方设法从西域的大宛国得到 1000 多匹汗血宝马，装备骑兵部队。

汗血宝马跑完 1000 米仅需 1 分零 5 秒，虽然比原产于阿拉伯地区的英国纯血马稍慢，但善解人意、耐力好，适于长途行军，非常适合用

作军马。引进了"汗血宝马"的汉朝骑兵，果然战斗力大增。甚至还发生了这样的故事：汉军与外军作战中，一支部队全部由汗血宝马上阵。久经驯养的汗血宝马，认为这是表演的舞台，作起舞步表演。对方用的是矮小的蒙古马，见汗血宝马高大、清俊、勃发，以为是一种奇特的动物，不战自退。

汗血宝马从汉朝进入我国一直到元朝，曾兴盛上千年，但是后来却消失无踪。专家们认为，汗血宝马虽然速度较快，但是它体形纤细，在古代冷兵器时代，大将骑马作战更愿意选择粗壮的马匹，这是汗血宝马在中国消失的主要原因。

实际上，"天马"的血脉却保留了下来，融化在我们的国产骏马中。新疆伊犁马，就是汗血宝马的后代。一方水土养一方"兽"，素有"腾昆仑，历西极"之美誉的伊犁，给了马儿开阔的生长空间。伊犁马外表清秀灵活，眼大眸明、头颈高昂、耳小而灵敏，四肢强健有力，步履稳健，并且全身披着闪光的枣骝色的细毛，是我国培育的优良马种之一。

新疆有首民歌中就唱道："骑马要骑伊犁马"。人骑在这种高头大马上，真是神气十足。伊犁马不仅有惹人喜爱的外表，而且有抗病力强、跑得飞快、拉的货物多的特点。据测定，伊犁马跑1000米，只用1分15秒。伊犁马还是泌乳产肉的良马，其成年马除供幼驹哺乳外，每日还可挤乳6~7千克。除此之外，伊犁天马的马肉味道要比其他马肉鲜美，可加工制成人人爱吃的熏马肠。

伊犁的伊宁马鞍也随着"天马"名闻遐迩，它是由鞍架、皮具制作和雕刻、镶嵌等几个工艺组成，是一件精美绝伦的工艺品。

不敢骑马的人，拥有一只马鞍，也能感受那沸腾的热血！

普氏野马：前度王子今又来

　　普氏野马又称野马、蒙古野马或准噶尔野马。它的生存，有一段时间简直如同走钢丝，让动物爱好者很是捏了一把汗。

　　我国古人早在春秋时期就知道普氏野马了，并给它起了个专用名——"騧"（音 guā），意思是嘴黑身黄的马。东晋文人葛洪的《西京杂记》中有这样一条笔记："卫将军青生子。或有献騧马者，乃命其子曰騧，字叔马。其后改为登，字叔升。"

最美的鸟兽

　　也就是说，大将军卫青的小儿子出生时，有人送来一匹普氏野马以示祝贺。千百年来，汉民族最缺少的驯畜就是马，这也是当时的西汉王

朝之所以长久受制于匈奴的一个重要原因，所以卫青收下礼单后异常高兴，干脆给孩子取名卫骄，表字叔马。卫将军的这种做法还有些附庸风雅的意味。因为孔子的儿子出生时，国君鲁昭公曾送来一尾大鲤鱼以示祝贺，提倡忠君的孔子为表感恩，就给孩子取名为孔鲤。

但是卫骄这个名字并没有被长期使用下去，因为尽管"骄"这个字像"骏""驷""骐""骥"一样寓意吉祥，但它的读音却不够美妙。所以卫青最终给儿子改名叫卫登，字叔升。既有"高升"之意，读起来也响亮多了。

真正把普氏野马捧红的人是唐太宗李世民。这位马上皇帝一生南征北战，对坐骑情有独钟，甚至命令著名的工匠阎立德、画家阎立本兄弟将自己骑过的六匹骏马刻成石像安放在陵墓中，并且亲自为它们题写颂词，这也就是著名的"昭陵六骏"，分别名为"拳毛䯄""什伐赤""白蹄乌""特勒骠""青骓""飒露紫"。其中拳毛䯄神骏异常，在战斗中身中九箭，最后战死沙场。李世民送给它的赞词是"月精按辔，天驷横行，孤矢载戢，氛埃廓清"，杜甫也曾经在古风《韦讽录事宅观曹将军画马图》中说"昔日太宗拳毛䯄，近时郭家狮子花"，可见拳毛䯄真不愧为"一代神马"。

肯定有人要问，骄的读音虽然不中听，但历史如此煊赫，为什么后来会叫普氏野马这么个不中不洋的名字呢？原来，在 1878 年，沙俄军官普热瓦尔斯基率领探险队先后 3 次进入准噶尔盆地奇台至巴里坤的丘沙河、滴水泉一带采集野马标本，并于 1881 年由沙俄学者波利亚科夫正式定名为"普氏野马"。

由于普氏野马生活于极其艰苦的荒漠戈壁，缺乏食物，水源不足，还有低温和暴风雪的侵袭，再加上人类的捕杀和对其栖息地的破坏，这些加速了它消亡的进程。在近一个世纪的时间里，野马的分布区急剧缩小，数量锐减，在自然界濒临灭绝。蒙古西部在 1947 年曾经捕捉到过一只，当时送到乌克兰的动物园饲养，此后就再也没有发现过普氏野马。

我国于 1957 年曾在甘肃肃北县的野马泉和明水之间捕到过一只，1969 年在新疆尚有人在准噶尔盆地看到过由 8 匹野马组成的小群。1971 年，当地的猎人看到过单匹的野马。20 世纪 80 年代初，还有人在东准噶尔盆地乌伦古河和克拉美山之间的地域发现了野马的踪迹，但没有确凿的证据。后来，新疆也时常传来发现野马的消息，不过经证实，所看到的都是野驴。

听妈妈讲那过去的事

到 1985 年，分布于美、英、荷兰等 112 个国家和地区的存活野马仅有 700 多匹，而且是圈养和栏养的。1986 年 8 月 14 日，中国林业部和新疆维吾尔自治区政府组成专门机构，负责"野马还乡"工作，并在准噶尔盆地南缘、新疆吉木萨尔县建成占地 9000 亩的全亚洲最大野马饲养繁殖中心。随着 18 匹野马先后从英、美、德等国的运回，野马故乡结束了无野马的历史。

普氏野马是野外灭绝动物在动物园及保护区中繁殖的最典型的成功例子，已经成为动物保护史上具有重要意义的里程碑。

真个是"前度王子今又来"，但愿这些野马王子和公主们，能真正过上幸福快乐、少有人打扰的野外生活。

089

最美的鸟兽

野马和家马究竟有什么不同呢？野马的鬃毛短硬，呈暗棕色，逆生直立，不似家马垂于颈部的两侧。从比例上来说，野马头部较大而短钝，脖颈短粗，尾巴粗长几乎垂至地面，尾形呈束状，不似家马自始至终都是长毛。四肢短粗，常有两至五条明显黑色横纹，小腿下部呈黑色，俗称"踏青"腿。此外，普氏野马的染色体为 66 个，比家马多出一对。

普氏野马栖息于缓坡上的山地草原、荒漠及水草条件略好的沙漠、戈壁。性机警，善奔驰；一般由强壮的雄马为首领结成 5～20 只马群，营游移生活。多在晨昏沿固定的路线到泉、溪边饮水。喜食芨芨草、梭梭、芦苇等，冬天能刨开积雪觅食枯草。6 月份交配，次年 4～5 月份产仔，每胎一仔。有趣的是，幼驹出生后几小时就能随群奔跑。

还是"野小子"有出息！

德保矮马：遗落人间的珍珠

　　每次看到德保矮马负重的照片，都不由心生怜惜，觉得这种精灵应该自由地驰骋在一片花香果甜的梦幻园里，而不是成为人类的工具和玩物。可惜，珍珠遗落人间，命运便不由自己掌控了。

最美的鸟兽

　　德保矮马也称果下马、珍珠马，是世界稀有的自然形成的优良马种，它是世界上最矮的一种马，是世界两大矮马源流之一（另一源流是英国的谢特兰矮马）。德保矮马主要产于广西德保、靖西等县以及百色地区，个头在 100 厘米左右，最矮的仅有 85 厘米。据考证，它是西汉时期"果下马"的后代。

　　早在宋代，德保矮马就作为贡品深得皇室喜爱。自北宋真宗皇帝赵恒起，德保矮马就备受封建帝王的宠爱。《镇安府志》记载，镇安每三年都要给皇上进贡矮马三匹。朱元璋称帝第一年，德保人岑天保不远万里，亲自骑着矮马进京朝见。朱元璋亲眼见到书中记载的"果下马"，十分高兴，并授予岑天保冠带和镇安土知府世袭官职。故又有人说德保矮马是"吉祥马""升官发财马"。

德保矮马的特征之一是色纯，有棕黑、棕红、浅棕、灰黄、灰白数种。德保矮马还有体型秀美、性情温驯、灵巧耐驮、粗食抗病等特征。玲珑小巧的德保矮马虽然没有高大的体魄，但也不失其健壮。它的善爬耐驮、坚忍不拔，尤为人们所称道。这些马儿聪明机灵，它们在山路上行走敏捷稳健，既可当坐骑，又能拉车和负重，是山区人民的重要交通运输工具，也是动物园中的观赏动物。

但我觉得，德保矮马最该待的地方还是童话里，有鸟语花香相伴，有白雪公主和七个小矮人相依。

野骆驼：悲情的"沙漠之王"

　　比马更具有奉献精神和牺牲精神的是骆驼，而这个老实的大家伙受人类的驱使也似乎更严重。丝绸之路上那些艰难的跋涉，大家已经耳熟能详，不妨再说一个有点极端的例子——驼城。

　　驼城是冷兵器时代的产物。把骆驼的四脚绑住，卧倒在地，加上木箱和浸了水的毛毯，即成为阻挡骑兵冲锋的坚强堡垒。在清朝康熙年间，噶尔丹就使用过驼城来对付清兵，哪知清兵已经拥有大炮，炮火闪闪，可怜的骆驼血肉横飞。

　　所以，宁愿这些大家伙未经人手，而是一直保持着"在野"身份，那该多好！

　　世界上确实有野骆驼存在。为了讲清野骆驼和家骆驼的区别，我们先回顾一下骆驼家族的历史：

　　几百万年以前，骆驼的祖先生活在北美沙漠中。它们体型较小，只有 1 米高。几百万年来，它们生存、繁衍，慢慢地从北美的老家迁居。一些走到南美，逐渐演变成南美的特有动物，比如羊驼、骆马。这些动物虽然没有驼峰，但它们都属于骆驼家族。

　　其他一些骆驼穿过当时连接着美洲和亚洲的白令海峡，到了一个很寒冷的地带，为适应环境变化它们的背上长起驼峰，用来储藏脂肪。当缺乏食物时，脂肪就可以供给消耗。与此同时，骆驼也练就了长时间不喝水的本领。经过又一段时期的进化，它们变成了我们今天所知道的双峰骆驼。其中一部分骆驼留在了这片寒冷荒凉的地区，长出长长的驼毛当作御寒的大衣；其余的继续向南迁徙，进入阿拉伯和非洲的温暖地带。在这里它们既不需要长毛大衣，也用不了两个驼峰来储存脂肪，所以一些人认为它们渐渐演变成单峰骆驼。因为在温暖的气候里，一个驼峰的储藏量已经足够了。

大约4000年前，人们驯服了野骆驼，并教会它驮东西和载人，这就是家骆驼了。然而另一种双峰野骆驼仍在大自然里，顽强地主宰着自己的命运。

野骆驼在历史上曾经存在于世界上的很多地方，但至今仍在野外生存的仅有阿塔山和我国西北一带，这些地区都是大片的沙漠和戈壁等"不毛之地"，不仅干旱缺水，夏天酷热，冬季奇冷，而且常常狂风大作，飞沙走石。恶劣的生活环境，却使野骆驼练就了一副非凡的适应能力，具有许多其他动物所没有的特殊生理机能，不仅能够耐饥、耐渴，也能耐热、耐寒、耐风沙，所以赢得了"沙漠之王"的赞誉。

野骆驼的颈部较长，弯曲似鹅颈。背部的毛有保护皮肤免受炙热阳光照射的作用。尾巴比较短，生有短的绒毛。背部生有两个较小的肉驼峰，下圆上尖，坚实硬挺，呈圆锥形，峰顶的毛短而稀疏，没有垂毛。过去曾认为驼峰是贮水的器官，但后来的研究表明，驼峰的结构主要是脂肪和结缔组织，隆起时蓄积量可以高达50千克，在饥饿和营养缺乏时逐渐转化为身体所需的热能。它还具有适当变化的体温，在傍晚时升高到40℃，在黎明时则降低到34℃，从而适应荒漠地带一天中较大的温差。

这还不算什么，野骆驼最奇特之处在于它能靠喝盐水生存。成天喝咸咸的盐水，对于人类来讲是无法忍受的，而野骆驼却年年月月喝着这种水，它的肝竟然也慢慢适应了这种情况。世界上没有其他动物能有这种本领，甚至骆驼自己也不容易，好些两岁以下的小骆驼就因为肝不能适应而死去。

野骆驼为什么要喝盐水呢？并不是所有的野骆驼都喝盐水。但在我国戈壁沙漠的一些地方，成百上千平方千米之内毫无淡水。野骆驼并不是喜欢喝盐水，而是因为受到人类的逼迫。猎人的捕杀把它们赶进了这

片荒凉的沙漠，还有喧闹的公路和铁路也使生性害羞的骆驼远远地逃离人类的城镇、村庄。它们躲进了戈壁滩的中心地带，那里没有淡水，因而人类无法生存。

野骆驼主要以红柳、骆驼刺、芨芨草、白刺等野草和灌木枝叶为食，吃饱后找一个比较安静的地方卧息反刍。它们的活动，一般以十几头大小的集群为主。在繁殖期，每个种群由一峰成年公驼和几峰母驼带一些未成年幼驼组成，有固定活动区域，除非季节转换时才进行几百千米的长途迁徙。另外，公的幼驼一旦到了两岁左右，就会被逐出种群，去别的种群争夺"领导权"。野骆驼的繁衍是在自然的优胜劣汰中进行的，能够适应严酷的生存环境的个体存活下来，其他的便自然死亡，被无情淘汰。野骆驼的寿命一般在30岁左右。

"沙漠之王"的一切似乎都带有悲情之美和坚忍之美，但无论再怎么艰难，也好过成为人类的"驼城"。

095

最美的鸟兽

关中驴：它的名字叫坚忍

　　小学的时候，曾读过一篇课文，是日本作家的作品，名字似乎就叫《马》，写他与一匹老马的故事，情节之感人，对身为小学生的我来说，不啻一次心灵震撼，让我了解了动物无计可逃的辛劳和人类无情无义的驱使。

　　长大后读到德国哲学家尼采的故事。那是尼采晚年的时候，他的精神状态已经不太好了。一次他走在都灵的大街上，看见马夫挥鞭打马，便冲上去，紧紧抱住马头，失声痛哭，一面哭一面亲吻着马头，泣道："我是马、我是马……"之后，他被送进了疯人院。

　　像马这样的动物，真是仁兽，也是"忍兽"。

　　同为忍兽的，还有驴子。

　　我国疆域辽阔，驴的驯化也早于马，养驴历史悠久。大家都对骑着小毛驴的阿凡提再熟悉不过，而这小毛驴，还真的就起源于新疆。据考证，在公元前4000年左右殷商青铜器时代，新疆莎车一带已开始驯养驴，并繁殖其杂

种。自秦代开始逐渐由我国西北及印度进入内地，当作稀贵家畜。约在公元前200年汉代以后，就有大批驴、骡由西北进入陕西、甘肃及中原内地，渐作役畜使用。

　　驴按体型大小可分大、中、小三型，我国五大优良驴种分别是关中

驴、德州驴、广灵驴、泌阳驴、新疆驴，大型驴有关中驴、德州驴，这两种驴体高 130 厘米以上；中型驴有泌阳驴，这种驴高在 110～130 厘米之间；小型俗称毛驴，以华北、甘肃、新疆，云南等地居多，这些地区的驴体高在 85～110 厘米之间。

驴的形象似马，多为灰褐色，不威武雄壮，甚至有点"卡通"：它的头大，且耳朵长，胸部稍窄，四肢瘦弱，躯干虽短，但较长于四肢，因而体高和身长不相等，呈小长方形。颈项皮薄肉厚，蹄小坚实，体质健壮，耐粗放，不易生病，并具有性情温驯、刻苦耐劳、听从使役等优点。

对人类来说，驴子可有用了。驴每天耕作 6～7 小时，可耕地 2.5～3 亩。在农村还可乘骑赶集，适于山区驮运及家庭役用。驴肉又是宴席上的珍肴，其肉质细味美，素有"天上龙肉，地上驴肉"之说。经测定，驴肉的蛋白质含量比牛肉、猪肉都高，是典型的高蛋白、低脂肪食物，有补血、补气、补虚、滋阴壮阳的功能，是理想的保健食品。驴皮可制革，也是制造名贵中药阿胶的主要原料。

097

最美的鸟兽

韩美林绘驴

这样无情地、全方位地从驴子身上索取，也就罢了，而贪得无厌的人类还想出更无耻的花招。比如所谓的"活叫驴"，就是在驴活着的时候，把它绑起来，顾客想吃哪一部分的肉，就用开水把那地方浇熟，然后再割下来，蘸一些调料吃，据说这样吃肉才最鲜嫩。被绑的驴实际上是忍受着古代酷刑"凌迟"之痛。有的驴被活割二三十处才哀哀而去，惨景骇人。

如果尼采穿越到了中国，看到这样的场景，他会不会同样扑上去，叫着"我是驴、我是驴……"

其实，我们都是驴。那些杀驴、活吃驴的也是驴，在另外一个"规定情境"里，命运全由他人掌控。

骡子：艰难走完这一世

但马、驴的悲情，有甚于骡吗？

造字者的确是高妙，"骡"天生地和"累"联系在一起，不仅累，而且失去了繁衍后代的权利。

最美的鸟兽

我在宁夏银川郊外的水洞沟景区坐过骡车，不是为了好玩，而是那一段山路坑洼崎岖，根本开不了车，只好派骡子上阵了。有一位游客就问车把式，骡子究竟是怎么样的来历。于是在颠簸的骡车上，我又重温了一遍人类的创造史。

骡子有雌雄之分，但是没有生育的能力，它是马和驴交配产下的后代，分为驴骡和马骡。公驴可以和母马交配，生下的叫"马骡"，如果是公马和母驴交配，生下的叫"驴骡"。马骡个大，具有驴的负重能力和抗病能力，又有马的灵活性和奔跑能力，是非常好的役畜，尤其是在偏远乡村农田里面使唤马骡太多了，因为马骡要比马省草料省得多，而且力量也比马大，是一种省吃能干的役畜。但它的弱点是奔跑没有马快，不适合奔跑，也不能生育。驴骡个小，一般不如马骡好，通常也没有生育能力。

我国古书中称公马配母驴所生的后代为駏，称公驴配母骡所生的后代为驢。

骡的寿命较长，一般可活到 35 岁左右，如饲养管理良好，可达 50 岁，使役可达 20 年。无论从哪一个方面看，骡子都是奉献美学的最好代表。有人在 20 世纪 50 年代初，提出设想，用将骡子细胞中的染色体数翻倍的方法来治疗骡子的不育症，可惜直到今日尚未成功。

但从另一个角度看，没有子孙也好，自个儿累了这一世便了结了"孳缘"，免得子子孙孙永为人间奴！

所以，如果骡子也会精神胜利法，它会说：好在没有累及子孙！

牦牛：辛勤的"高原之舟"

一提到牛，人们大概首先会想到勤勤恳恳的老黄牛。我在喀纳斯的月亮湾游玩时，于水边的树林里，见过一群最悠闲自在的黄牛，它们静静地活在自己的世界里，鼻子上没有穿环，远离尘嚣，远离农活，仿佛一幅油画——我以为，它们是世界上最幸福的一群黄牛。

水牛，则让人想起田园和山水，想起牧童和牧笛，它是古代田园诗中的一个重要角色，是水墨画中的一个重要点缀，但在这些如诗如画的意趣之外，它也是一个长年累月扛活的"长工"。

黄牛和水牛之外，就是牦牛了。在我国，它是主要牛种之一，仅次于黄牛、水牛而居第三位。

牦牛主要分布在喜马拉雅山脉和青藏高原。全身一般呈黑褐色，身体两侧和胸、腹、尾毛长而密，四肢短而粗健。牦牛是世界上生活在海拔最高处的哺乳动物，它们的家在海拔 3000～5000 米的高寒地区，能耐-40℃～-30℃的严寒，甚至能爬上6400米处的冰川。

牦牛分为野牦牛和家牦牛。野牦牛体形笨重、粗壮，比印度野牛略小，体长为200～260厘米，肩高160～180厘米，体重500～600千克。野牦牛具有耐苦、耐寒、耐饥、耐渴的本领，对高山草原环境条件有很强的适应性。

野牦牛一年四季生活的地方不一样，冬季聚集到湖滨平原，夏秋到高原的雪线附近交配繁殖。野牦牛性情凶猛，人们一般不敢轻易触动它，触怒了它会以十倍的牛劲疯狂冲上来，有时还会把汽车撞翻。不过，牦牛有识途的本领，善走险路和沼泽地，并能避开陷阱择路而行，有时可作旅游者的前导。

我国牦牛数量占世界总数的85%，其中多数生长在西藏高原。牦牛素有"高原之舟"之称，它既可用于农耕，又可在高原作运输工具。

牦牛全身都是宝，藏族人民衣食住行烧耕都离不开它。人们喝牦牛奶，吃牦牛肉，烧牦牛粪。它的毛可做衣服或帐篷，皮是制革的好材料，角可制工艺品，骨头是药材。尤其是牦牛的绒毛，是纺织工业的高级原料，将其漂白褪成驼色，可替代驼毛织成毛衫、围巾，既保暖又舒适。

有牦牛的藏民生活画面，应该像一幅唐卡，温暖的色调中洋溢着一片吉祥。

羚牛：憨厚的"六不像"

比起牦牛来，羚牛是一种极难得的大型牛科动物。由于它的长相奇特，有些科学家经长期认真仔细地观察研究后称它为"六不像"，即庞大隆起的背脊像棕熊，两条倾斜的后腿像非洲的斑鬣狗，四肢短粗像家牛，绷紧的脸部像驼鹿，宽而扁的尾像山羊，两只角长得像角马。

虽然叫牛，羚牛可有点名不副实，其体型介于牛和羊之间，但牙齿、角、蹄子等更接近羊，可以说是超大型的野羊。它生有一对很显眼的角，角从头部长出后突然翻转向外侧伸出，然后折向后方，角尖向内，呈扭曲状，故又称扭角羚。

羚牛产于我国西南、西北及不丹、印度、缅甸等地，由于产地不同，毛色由南向北逐渐变浅。我国境内的羚牛，全身白色，称为"白羊"，老年个体呈金黄色，称为"金毛扭角羚"。

羚牛喜欢群居，常十多只一起活动，有的"大部队"多达100只以上，每群都由一只成年雄牛率领，牛群移动时，由强壮个体领头和压阵，其他成员在中间一个挨着一个地行走。牛群平时活动时，一般有一只强壮者屹立高处瞭望放哨，如遇敌害，头牛会率领牛群冲向前去，势不可挡，直至脱离险境。

羚牛是一种高山动物，栖息于高海拔的高山悬崖地带。灌木、幼树、嫩草及一些高大乔木的树皮都是它们的美味佳肴，它们白天隐匿于竹林、灌丛中休息，黄昏和夜间出来觅食。它们身上长有十分厚密的被毛，能抵御严寒，不怕寒冷，可是怕热，夏季气温接近30℃时，每分钟气喘即达100次以上。

生性憨厚的羚牛，似乎从不设防，很容易被人类捕杀或掉入人们诱捕它们的陷阱，加之生态环境的恶化，目前羚牛正处于濒临灭绝的边

最美的鸟兽

缘，国际自然保护联盟把它列为世界濒危保护动物，载入特别保护的"红皮书"。在不丹，羚牛被视为国兽；在我国，羚牛的分布地区与大熊猫相似，数量稀少，因此也被视为"国宝"。我国已经建立了两个羚牛的自然保护区，由于保护措施落实，羚牛的数量不断上升，目前有约1300头羚牛栖息在我国的西部。但它们仍然被公认为是最稀有动物之一，因此我国政府禁止将羚牛移居到外国动物园。

遥想一万年前，华夏大地还生活着一种憨憨的"牛"——披毛犀，倒是与羚牛有几分相似，外表敦实，头上长角，身披长毛。想来这也是一种很有灵性的动物，否则为何有"灵犀"一词问世？

可惜，由于远古人类的大肆捕杀，披毛犀就这样消失了，再过了若干年，所有的犀牛都在中国消失了，只留下那些敦实的青铜器造型，蹲守在博物馆里——沉默地蹲守着，从不回应参观者偶或发出的一声叹息……

熊猫：天生大萌器

我觉得，外国人比我们更喜欢熊猫。

一个例证是"熊猫快闪"。此乃 2012 年发生于伦敦的一次闪客行为，一大群人扮成熊猫的模样，聚集在广场，而后坐地铁，在车厢里读报，在中国餐馆里煞有介事地点菜，一个个都顶着毛茸茸的熊猫大脑袋，一招一式就像曾经红遍全球的天线宝宝那么可爱。其实，熊猫装下面多半是魁梧的肌肉男。

我在这里写个半天，也难以道出其可爱之万一，看官若有兴趣，请上网搜照片，保准将你彻底萌呆，即便是最古板的家长或最严厉的上司在你电脑旁，你也会毫不顾忌地开怀大笑起来。

还有一个例证是"熊猫占领日内瓦"，说是"占领"，其实是世界自然基金会（WWF）成员在瑞士日内瓦湖边摆放了约 1600 只纸质大熊猫，庆祝世界自然基金会成立 50 周年。自 1961 年基金会成立之初，大熊猫就成了该组织的标志。

再有一个例子是动画片《功夫熊猫》，迪士尼把熊猫拍出了米老鼠般的可爱和唐老鸭般的俏皮，同时又揉进去了中华文化的许多元素。后来"拍立得"还特地推出了一款"功夫熊猫"相机，冲你拍照的时候，就像大脑袋熊猫在对着你笑，这时的你还能不笑吗？

105

最美的鸟兽

熊猫的英文是 panda，音"盼的"。是啊，外国人"盼的"就是熊猫。为了让更多的人能够见识熊猫的风采，从20世纪 80 年代起，我国就采取赠送、租借和共同繁育等形式，向其他国家"出口"大熊猫。现在，全世界的几十个城市动物园里都有熊猫了。

熊猫占领日内瓦

说实话，我以前一直不太喜欢熊猫，但现在一天比一天觉得它们好看，就像牡丹，我也是到了中年之后才真心喜欢的，的确是"国色天香"。

我国一直有一种丰满美学，只有像牡丹这样的才担得起国花的重任，也只有像熊猫这样的才担得起国宝的重任吧。

生活在新加坡动物园的"甜甜"和"阳阳"

况且，牡丹不仅富贵，还是一味中药；熊猫不仅雍容，还是一种萌器，萌到你在不开心的时候想起它的萌态，嘴角都会不自觉地弯起弧度。

如果成立"萌教"，那教主的席位，非它莫属了。

小熊猫：阳光小天使

小熊猫是那种无死角的美，每一个部位都长得那么好看，不仅好看，而且阳光。

小熊猫又名红熊猫、红猫熊、小猫熊、九节狼等，是一种濒危的哺乳类动物，分布在我国南方到喜马拉雅山麓、不丹、印度、老挝、缅甸、尼泊尔等国。当年，法国博物学者乔治·居维叶的弟弟动物学者弗列德利克·居维叶看到小熊猫的标本相当感动，因此以希腊文中的"火焰色的猫"作为其学名。

圆滚滚的小熊猫体长 40～60 厘米，比猫大些，但比狗稍小。体重约 6 千克。四肢粗短，呈棕黑色，背部毛色为红棕色，眼眶和两颊甚至连嘴周围及胡须都是白色。最好看的是一条蓬松的长尾巴，其棕色与白色相间的九节环纹，非常惹人喜爱，"九节狼"的别名因此而得。

小熊猫属于夜行性动物，大部分时间都在树枝上或是树洞中休息，只有在接近晚上的几个小时比较活跃。对于温度十分敏感，大约是在 17℃～25℃，无法忍受超过 25℃的温度，为了躲避日间的高温，小熊

107

最美的鸟兽

猫经常躺在大树的分枝或滚在树洞中用长尾盖住脸。冬季蹲伏在山崖边
或树顶上晒太阳。

　　虽然看起来很弱小，但小熊猫喜欢独居，很少见到成对或是家族群
居，是种非常安静的生物，只会发出动物的吱吱声来做沟通。在夜间搜
寻食物，灵巧地沿着地面或是穿过树间，找到食物后会用前肢把食物送
入口中，喝水时是用前掌沾水再舔食掌上的水分。

　　小熊猫食性很杂，但以植物为主。多食嫩叶、果实、竹笋、竹子的
嫩叶，但并不吃竹干，有时也捕食小鸟和鸟蛋。主要的天敌是雪豹、貂
及人类，尤其是人类造成的栖息地破坏。

　　小熊猫的爪骨有一部分凸起成趾状，可作为第六个脚趾辅助抓握东
西，法国和西班牙科学家最近的研究发现，这个第六趾在进化史上曾帮
助小熊猫的祖先"安身立命"。

　　小熊猫这一物种已生存了 900 多万年，它的祖先被称为古小熊猫。
对于小熊猫的第六趾，曾有人认为用处相对不大。如今法西两国科学家
通过研究古小熊猫的化石，发现它们是食肉动物，这与现在小熊猫主要
吃植物的食性不同，因此古小熊猫第六趾的功能，不会像现在一样仅用
来辅助脚爪抓住竹子等食物，而是作为用来攀爬树木的有效工具。古小
熊猫生存在众多猛兽出没的年代，因此这个帮助爬树的第六趾对于它们
来说就显得非常关键。几百万年后，自然环境和小熊猫的生活方式都发
生了改变，第六趾的功能已不再重要，它目前的用途只是帮助脚爪抓握
食物。

　　猫脸熊身的小熊猫，似猫非猫，似熊非熊，还拖着一条粗大带彩色

环纹的尾巴，显然并非短尾大熊猫的亲族，而是属于食肉目浣熊科。一般人多把食肉类动物视为猛兽，小熊猫的性格却十分温顺文雅，一副小猫似的稚气脸谱，从来看不到愁容，颇能逗人喜爱。

与大熊猫相比，小熊猫似乎更爱干净、更讲卫生。小熊猫的一天通常开始在仪式性的清洗动作中，它会用前掌清洁毛皮，也会用树枝或石头来抓背，把自己弄得清清亮亮、舒舒服服的，好迎接新的一天的和煦的曙光。

最美的鸟兽

灵猫：我有我的味道

猫，总是比狗要神秘得多，是一种带有灵性的动物，或者说，既带有一点儿神性，又带有一点儿邪性。

还真有一种猫科动物，名字就叫灵猫。

灵猫分为大灵猫和小灵猫。我们重点说说只比家猫略大的小灵猫。

小灵猫外形与大灵猫相似而较小，体重 2~4 千克，体长 46~61 厘米，吻部尖，额部狭窄，四肢细短。和大灵猫一样，小灵猫会阴部也有囊状香腺，雄性的较大。肛门腺体比大灵猫还发达，可喷射臭液御敌。全身以棕黄色为主，唇白色，眼下、耳后棕黑色，背部有五条连续或间断的黑褐色纵纹，具不规则斑点，腹部棕灰。四脚乌黑，故又称"乌脚狸"。尾部有 7~9 个深褐色环纹。

小灵猫属于夜行性动物，白天难得一见。栖息于多林的山地，比大灵猫更加适应凉爽的气候。多筑巢于石堆、墓穴、树洞中，有 2~3 个出口。虽极善攀缘，但多在地面以巢穴为中心活动。喜独居，相遇时经常相互撕咬。可见小灵猫是非常珍视自己的独处空间的，恐怕天下所有

的猫都是这副德行吧。但能够享受孤独的滋味，也让人们对它们多了一种敬意。

小灵猫每年春秋两季均可繁殖，雌灵猫发情时发出"咯、咯"的求偶叫声。小灵猫怀孕期为 69 ~ 116 天，平均90 天。如果是人工饲养的小灵猫，那么已怀孕灵猫要单独在安静地方饲养，防止受惊造成流

产。小灵猫产仔多在 5~6 月的夜间或清晨进行，每胎产仔 2~5 只，一般为 3 只，初生仔猫 1 周后开眼，半月后出窝活动。

在地面游荡、寻食的时候，小灵猫喜欢到处举尾"擦香"。什么叫擦香呢？就是把腺囊的泌香擦抹在小树桩或石块棱角上，作为它所占据领域的标志。这和老虎"撒尿圈地"是一个道理。

有趣的是，小灵猫不仅有香的一手，还有臭的一手：当它受敌害追袭时，可以从肛门两侧的臭腺中，分泌出具有恶臭的液体，使敌害者不堪忍受，被迫转身逃之夭夭。

灵猫香的主要化学成分是 17 巨环酮——灵猫酮，是配制高级香精必不可少的定香剂。通常雄性的灵猫香产量比雌性多 1 倍以上。

既然叫"猫"，那么就有捕鼠的本领。灵猫是杂食性动物，不挑食，但其中最主要的食物就是鼠辈。以小灵猫为例，老鼠在小灵猫的食物中所占的比例高达 42.9% ~ 91.7%，是人类灭鼠的天然同盟者。

111

最美的鸟兽

金丝猴：炫丽的高傲

《西游记》中有美猴王，那么在现实中，谁是最美丽的猴子呢？

白臀叶猴被公认为是体色最绚丽多彩的灵长目动物之一。体毛大部分为灰黑色，脸部黄色，有一圈稀疏的白色长毛。颈部有白色和栗色的条纹，下颌有红褐色的簇状毛。胸腹部为棕黄色，并且有一个宽大的、呈半圆形的栗色胸斑，胸斑外面的轮廓为黑色。长长的尾巴为白色，尾巴外围呈三角形的臀盘也是白的，因此得名白臀叶猴。又叫黄面叶猴、海南叶猴。其实，海南岛上的白臀叶猴已经绝迹了。

仔细端详，会发现即使是很年幼的白臀叶猴，因为那一圈白色长毛，也显得有点"老相"。我以为，金丝猴的绚丽程度，丝毫不逊于白臀叶猴，而且更加英姿勃发。

金丝猴毛色艳丽，形态独特，动作优雅，

白臀叶猴

性情温和，深受人们的喜爱。金丝猴目前有 5 个种类：滇金丝猴、黔金丝猴、川金丝猴、越南金丝猴和 2012 年新近发现的"怒江金丝猴"。其中，滇金丝猴远居滇藏的雪山杉树林，数量仅千余只；黔金丝猴仅见于贵州梵净山，数量才 700 多只；大家比较熟悉的当属川金丝猴，川金丝猴是最典型的金丝猴，全身金黄色，分布于四川、陕西、湖北及甘肃，深居山林，结群生活。

金丝猴的面部特征很明显，它的鼻孔极度退化，即俗称"没鼻梁子"，因而使鼻孔仰面朝天，所以又有"仰鼻猴"的别称。但这样的鼻子"坐落"在粉白中带着一点莹莹蓝光的面孔上，却分外漂亮。谁说美人都要隆鼻，没鼻子的金丝猴照样是一个美人！

金丝猴主要在树上生活，也在地面找东西吃。主食有树叶、嫩树枝、花、果，也吃树皮和树根，爱吃昆虫、鸟和鸟蛋。吃东西时总是吧嗒嘴，显得那么香甜！

"家"对于金丝猴来说特别重要，成员之间相互关照，一起觅食、一起玩耍休息。在金丝猴的家中，未成年的小金丝猴有着强烈的好奇心，非常调皮，也备受父母宠爱，但小公猴成年后就会被爸爸赶出家门，只能自己到野外独立生活了。

母爱在灵长类中显得非常突出。母金丝猴无微不至地关心和疼爱自己的孩子，尤其在哺乳期，母猴总是把小猴紧紧地抱在胸前，或是抓住小猴的尾巴，丝毫不给它玩耍的自由。在这期间，朝夕相处的丈夫尽管向"夫人"献尽了殷勤，又是为她理毛又是为她捡痂皮，但是也别想摸一摸自己的宝宝，更别提抱抱小猴亲热一番了。母金丝猴总是抱着小猴，把背朝着自己的丈夫，丝毫不给丈夫抚爱子女的机会。

猴王在群体中享有特权。有则消息是这样报道的：有一天傍晚，一

113

最美的鸟兽

群金丝猴到寨子后面的核桃树、苹果树上偷吃果子，被人们发现后仓皇逃跑，不巧被小河拦住去路，大金丝猴一跃而过，小金丝猴却跳跃不过去，急得"吱吱"乱叫。过了河的猴王于是发出"命令"，叫一只公猴过河接应。公金丝猴又跳过河，抱起小猴准备过河。由于心慌失手，把小金丝猴抛落在水中。金丝猴们一见拼命顺着河边跑去抢救，在下游把小金丝猴救上岸来。那猴王气势汹汹地走进猴群找到那只公金丝猴，"啪啪"就是两耳光。公金丝猴自知有错，也只好规规矩矩地接受惩罚。

或许吴承恩也看到这类有趣的群猴生活场景，才塑造出美丽而高傲的孙悟空的吧？

114

我也是小太阳

蜂猴：懒惰的大眼仔

蜂猴也属于灵长目，看上去倒是蛮可爱的一种小动物。它身披蜂黄色的毛，背中央还有一道深栗色的红色直线，搭配得煞是好看。它的个头不大，外形有点像猫，眼睛又大又圆，周围有一道黑圈，宛若戴着一副"现代派"的墨镜。它的身体又粗又胖，一看就知道过的是养尊处优的生活。

不过，蜂猴的生活习性可和"灵长"毫不相关，因为它太懒了，简直已经懒到了令人发指的程度。白天它生活在树洞或树枝间，把身体蜷缩成一个毛茸茸的圆球，一睡就是一天。晚上，它睁开眼睛，开始在树枝上慢腾腾地爬行，遇到可吃的东西，就随便吃上一点。也许为了减少活动量，它吃得很慢、很少，为了不动嘴，几天不吃也是常事。因此，它又得了一个雅号：懒猴。

究竟懒到什么地步呢？当蜂猴呼呼大睡的时候，鸟啼兽吼也无法惊醒它。它的动作非常缓慢，走一步似乎要停两步。有人曾作过一番观察，蜂猴挪动一步，竟需要 12 秒钟时间。

虽然动作慢得像电影中的慢镜头，但蜂猴也有保护自己的绝招。由于它一天到晚很少活动，地衣或藻类植物得以不断吸收它身上散发出来的水气和碳酸气，竟在它身上繁殖、生长，把它严严实实地包裹起来。这可帮

了蜂猴的一个大忙，使它有了和生活环境色彩一致的保护衣，很难被敌

115

最美的鸟兽

害发现。因此，它又得了一个雅号：拟猴。意思就是它可以模拟绿色植物，躲避天敌伤害。

蜂猴又被称为原猴类，是灵长类进化中相当原始的种类。也许因为太懒了，懒得连逃跑的"运动"都不做，所以尽管它有模拟"绝活"，数量还是不断锐减。目前只有在东非和南亚等地，才保留下为数不多的种群。

蜂猴可分为9个亚种，我国有2种，分布于云南和广西，数量稀少，濒临绝灭，属于国家一级保护动物。

蜂猴以野果为食，也捕捉昆虫、小鸟，特别爱吃鸟蛋。蜂猴生活在热带、亚热带的密林中，这些地方天敌较少，气候温暖湿润，四季如春，到处都是四季长存的草食树果，触手可及，张口可食。人们说，这才养成了它懒得不能再懒的生活习性。可见，过于优裕的生活条件，无论对人还是动物，都是有害的。

蜂猴每次只生一胎，偶尔也有双胞胎的。所幸的是，它还没有懒到连孩子也懒得生。否则，这一物种可就真的要绝灭了。

不过，俗语说"物以稀为贵"，由于蜂猴存世数量不多，反而使它跻身于珍稀动物之列，成了身价不凡的被保护对象。对这个慵懒的小美猴来说，也算是不幸中之大幸了吧！

松鼠：松针上的舞蹈

都说黄山上的松鼠是不怕人的，果真如此，我们一行人在游西海大峡谷时，坐在一棵黄山松下休息，便透过针尖般的松叶，看到一只活泼的小松鼠，它并不慌张，顾盼自如。自个儿戏耍了一阵，才离去了。

导游说，还有更大胆的松鼠，守候在路边，主动找人要吃的，简直和峨眉山上的猴子有一拼。黄山上也有猴子，属于短尾猴，但对人很不友好，凶得很，看来，友善大使的任务，就落在黄山松鼠的身上了。

松鼠的耳朵和尾巴的毛特别的长，能适应树上生活；它们使用像长钩的爪子和尾巴倒吊在树枝上。在黎明和傍晚，也会离开树上，到地面上捕食。

松鼠夏季全身红毛，到了秋天会更换成黑灰色的冬毛，紧密地裹住全身。体长 20~28 厘米，尾长 15~24 厘米，体重 300~400 克。眼大而明亮，耳朵长，耳尖有一束毛，冬季尤其显著。初生的松鼠，全身无

117

最美的鸟兽

毛，眼睛亦不明，生后 8 天才开始长毛，30 天以后即睁开眼睛，45 天就能食用坚硬的果实，行动变得十分敏捷。

如果你养有一只松鼠，那会是很可爱的事儿。松鼠是对主人非常温顺的小家伙，我们也要温柔地对待它，这样它会对你死心塌地，绝对不会用牙齿伤害到你。当然它会用牙齿轻轻地啃你的手指，和你玩耍，感觉会很痒，这是它对你友好的表示。松鼠睡觉时，会把尾巴当作棉被盖在身上。

松鼠在茂密的树枝上筑巢，或者利用其他鸟的废巢，有时也在树洞中做窝；它们除了吃野果外，还吃嫩枝、幼芽、树叶，以及昆虫和鸟蛋。松鼠在秋天觅得丰富的食物后，就会利用树洞或在地上挖洞，储存果实等食物，同时以泥土或落叶堵住洞口。松鼠机灵极了，常将几千克食物分几处贮存，有时还会见到松鼠在树上晒食物，不让它们变质霉烂。这样在寒冷的冬天，松鼠就不愁没有东西吃了。

当然松鼠的最爱还是松子。松鼠吃下许多松子，同时也做了一点好事。它们采集松果，吃掉松子，未吃掉的松子掉入石缝碎石间。第二年，松子萌发新芽，长出小松苗来。

"怀君属秋夜，散步咏凉天。空山松子落，幽人应未眠。"这是唐代诗人韦应物写给独居深山的友人的诗。其实，幽人并不孤独，至少有松鼠相伴。或许，松鼠就是那时候，开始不怕人的吧。

土拨鼠：站起来看世界

在去往喀纳斯的路上，有许多看点，沿途有烂漫的野花，有鬼斧神工的巨石，甚至有原始部落雕刻的石人石像。但在这些静止的风景当中，还有一点儿流动的风景，那就是在地里穿梭的土拨鼠。大多数土拨鼠怕车辆，更怕人，所以一下子就钻进了洞里，也有很少很少的土拨鼠，会站立起来，大胆地看着不知从何而来的你。

119

最美的鸟兽

土拨鼠，英文名"groundhog"，也叫旱獭。平均体重为 4.5 千克，最大可达 6.5 千克，身长约为 56 厘米。主要分布于北美大草原至加拿大等地区，与松鼠、河狸、花栗鼠等同属于啮齿目松鼠科。土拨鼠在全世界大约有 10 个品种，我国拥有 3 个品种，分别是旱獭、中亚土拨鼠、长尾土拨鼠。它们分别分布在我国东北、云南、内蒙古、青海、西藏、新疆、甘肃等。新疆人称之为"旱獭"的土拨鼠，是天山、阿尔泰山的草原旱獭。

顾名思义，土拨鼠表示其善于挖掘地洞，所挖地洞深达数米，内有铺草的居室，非常舒适。为安全起见，通常洞穴都会有两个以上的入口。土拨鼠也具备游泳及攀爬的能力。多数都在白天活动，喜群居，不贮存食物，而是在夏天往体内贮存脂肪以便冬季在洞内冬眠。

望尽天涯路

早期在农业时代时，土拨鼠一直都是农民眼中的害物，它们会不断地破坏农作物，从而造成农民经济上的损失。直到进入新的经济模式后，它们才以其憨厚的脸庞和可爱的模样重新受到世人的注目与青睐，并得以在国外宠物市场兴起一股饲养风潮。土拨鼠主要以素食为主，食物大多为蔬菜、苜蓿草、莴苣、苹果、豌豆、玉米及其他蔬果，一天最多可以吃掉 5 千克的绿色蔬果。以人工方式饲养时，除了新鲜蔬果之外，可以喂它兔子饲料而不要喂老鼠饲料，以减少其心血管、内分泌失调及体重过重等疾病。

土拨鼠最迷人的地方，莫过于那条可爱的尾巴和短短胖胖的手脚了。它的嘴巴前排有一对长长的门牙，呆呆傻傻的模样相当地讨人喜欢。土拨鼠非常机警，不仅经常察看周围情况，还专门有负责放哨的，家庭饲养初期胆子比较小，最好不要骚扰和惊吓它们。

乐圣贝多芬或许也养过土拨鼠吧？否则他为什么要为这个小家伙创

作一首歌曲呢，这首《土拨鼠》的歌词是这样的：

> 我曾经走过许多地方，
> 把土拨鼠带在身旁。
> 为了生活我到处流浪，
> 带土拨鼠在身旁。
> 啊土拨鼠，啊土拨鼠，
> 这土拨鼠陪在我身旁。
> 啊土拨鼠，啊土拨鼠，
> 这土拨鼠陪在我身旁。

在歌声中，我又回想起土拨鼠的站姿，那样的姿势经久难忘。土拨鼠的站姿又该做何解读呢？是祈祷，是放哨，还是求偶？而我愿意把它理解为：胸怀故土，放眼世界。

但如果一只被饲养的土拨鼠站起身来，那只有一个解释，就是：望乡。

121

最美的鸟兽

复齿鼯鼠：袖珍飞虎队

『最美中国』丛书

《荀子·劝学》云："腾蛇无足而飞，梧鼠五技而穷。"

传说古时候有一种动物叫鼯鼠，它的形状似兔子，腹旁有飞膜，有点像蝙蝠的翅膀。据说鼯鼠的本领很多，可是哪一种也学得不精。鼯鼠利用腹侧的膜能做短距离的飞行，却连房子也飞不过去；它会爬树，却爬不高，连树顶都爬不上去；它也能游泳，却连小河沟也游不过去；它也会挖洞，却挖不成能藏自己的洞穴；它也会奔跑，却跑不过其他的动物，连人都能轻易地追上它。

所以虽然鼯鼠样样都学，却没有一种技艺能在危难时救自己的命。

从荀子的话中可以看出儒家的苛刻，这么一个小老鼠，能飞一飞已经不错啦，况且它不飞的时候那么可爱，飞的时候又那么优美！

全世界现存鼯鼠 13 属 34 种，我国有 7 属 16 种，其中我国特产的有 3 种：复齿鼯鼠、沟牙鼯鼠和低泡飞鼠。

复齿鼯鼠名气最大，它是典型的树栖类动物，与松鼠科亲缘关系很近。二者颊齿（包括臼齿、前臼齿）在颌两侧各为5枚，下颌两侧均各4枚，这就是"复齿"的由来。不同点在于鼯鼠还有一项绝技，它的前后肢之间具有长着软毛的皮褶，称为飞膜。当爬到高处后，将四肢向体侧伸出，展开飞膜，就可以在空中向下往远处滑翔，因而又称飞鼠。打个比方，鼯鼠的飞膜就像降落伞，与鸟儿那一对具有自推进力的翅膀还是有一定区别的。而且为了便于滑翔，鼯鼠的身材都比较小巧玲珑，身长在13厘米到30厘米之间。

月黑吾飞高

成年的复齿鼯鼠一般体长约25厘米，后肢略长于前肢，尾巴则几乎与身体等长。当它不打开"降落伞"的时候，外形类似松鼠，背毛呈灰褐或黄褐色，腹面灰白色，四足背毛橘红色。复齿鼯鼠头宽、眼大、耳郭发达，主要采食植物性食物，尤其爱吃松树、柏树的籽实、针叶和嫩皮，也喜欢其他含油脂多的坚果和嫩叶，偶尔捕食甲虫等小型动物。

鼯鼠喜欢栖息在针叶、阔叶混交的山林中。习性类似蝙蝠，白天多躲在悬崖峭壁的岩石洞穴、石隙或树洞中休息，洞内铺有干草，冬季有

123

最美的鸟兽

用干草封住洞口御寒的习性。鼯鼠性喜安静，多营独居生活。夜晚则外出寻食，在清晨和黄昏活动得比较频繁，它行动敏捷，善于攀爬和滑翔。

鼯鼠素有"千里觅食一处"的习性。无论活动范围多大，都固定在一处排泄粪便。一般在它所栖息的洞穴附近，选一个较大的洞穴排泄，其粪便常年堆积而不霉烂。橙足鼯鼠的干燥粪便是著名的中药材五灵脂。

动画片《冰川时代4》里面有一只搞笑的鼯鼠，它在自己身上画了一只骷髅头，当海盗团队需要升旗的时候，它就跑到旗杆顶端让自己的身体飘起来，远远看起来就像一面黑色的海盗旗！那模样，真是逗趣极了。

河狸：天才建筑师

　　昆虫中的建筑大师是蜜蜂和白蚁，鸟类中的建筑大师是喜鹊和织巢鸟，而哺乳动物中的建筑大师，则首推河狸先生。

　　河狸广泛分布于200万年前的地球上，当时的动物大都早已灭绝，少数则演化为新种，而河狸幸存下来，但体形蜕化得仅有原来的1/10。因此，河狸又被称为古脊椎动物的一种活化石，具有较高的研究价值。

　　河狸能生存下来，是因为它有着极高的智商，这一点在其建筑活动中表现无遗。可以毫不夸张地说，河狸就是动物界的李冰和赖斯，它是这两位东西方建筑大师的结合体，它所修建的"河狸大坝"，既是能够造福自己和周围环境的"都江堰"，也是能够在其中舒适生活的"流水别墅"。

河狸大坝

　　凡是河狸栖息或是栖息过的地方，都有一片池塘、湖泊或沼泽。河狸具有改造自己栖息环境的非凡能力，它总是孜孜不倦地用树枝、石块

最美的鸟兽

和软泥垒成堤坝，以阻挡溪流的去路，小则汇合为池塘，大则可成为面积达数公顷的湖泊。这样做的好处之一，是确保自己的洞口位于水下，以防止天敌侵扰。河狸有时为了将岸上筑坝用的建筑材料搬运至截流坝里，不惜开挖长达百米的运河。

目前发现的最长的河狸大坝位于加拿大的一个丛林里，全长约850米，它的长度甚至是胡佛水坝的两倍，从太空都可以看得到。

河狸大坝是生态系统的重要组成部分，科学家通过判断这些大坝的扩展速度，可评估环境和气候的改变。北美洲"河狸：湿地和野生动植物"组织的生物学家莎伦·布朗说："河狸建坝是为了创造一个优良的生活环境。它们在水中非常机敏，但它们在陆地上的行动有些迟缓。它们在有水的地方创造一个栖息环境，就像包围着它们的窝的一道城壕。这样它们能游泳和潜水以及躲避山狗和熊等天敌。它们还在水中搬运建坝的树木，因为在水上拖动木头比陆地上拖动更容易。这些生活环境不仅对它们有利，而且对其他动物和环境也有利。这个坝非常大，'谷歌地球'还显示气候变化导致河狸向北移动。它们的大坝对环境非常有益，因为它们舒缓了水流速度，减少了河水干涸和泛滥的可能性。水中的植物死掉后会变成泥炭，那是存储二氧化碳的最佳方法之一。"

本身并不俊美的河狸，却留下了壮美的杰作。

河狸是我国啮齿动物中最大的一种。体型肥壮，头短而钝、眼小、耳小、颈短。门齿锋利，咬肌尤为发达，一棵 40 厘米的树只需 2 小时就能咬断。河狸喜食包括水生植物在内的多种植物的嫩枝、树皮、树根，夏季也在岸边采食草本植物，如菖蒲、荆三棱、水葱及禾本科植物等。由于采食，在岸上常踩出固定的道路。到了秋季，河狸在晨昏活动频繁，将树枝等咬断 1 米左右，衔到洞口附近的深水中贮藏，以备过冬时食用。在河狸栖息的地区，时常能见到碗口粗的树桩，这就是河狸的杰作。因为树木、树杈是它们筑坝、垒巢的上好材料，树皮、树叶是它们储备过冬的最好食物。

河狸皮毛十分名贵，从水中一出水面其皮毛滴水不沾，其香腺分泌物为名贵香料——河狸香，是世界上四大动物香料之一，也作为医药中的兴奋剂。因此，河狸具有很高的经济价值。但这显然也给它带来了厄运。

贪婪的人类真是短视，拿走了河狸的皮也就等于拿走了它那睿智的大脑，等于戕害了自然界的伟大建筑师。

127

最美的鸟兽

麋鹿：麒麟传奇

　　数千年前的春秋战国时代，华夏大地上静卧着许多湖泊，大得让人难以想象的湖泊。最有代表性的应该就是云梦泽了。云梦泽是江汉平原上的古湖泊群的总称，先秦时这一湖群的总体周长约 450 千米。而现今仅存的大湖洞庭湖也不过区区 2007 平方千米。

　　在这些无边无际的大泽面前，当时的人类难免会产生绮丽的想象，甚至会产生幻觉，"大泽龙蛇"之类的传说大概就是这么产生的。肯定是一些古怪的大鱼被人们看见，然后你传我、我传你，不断演绎，"龙"便产生了。

　　大泽边缘的沼泽地带，对于人类来说是泥潭，对于某一种动物来说却是天堂。这种动物尤其喜欢沼泽里丰美的水草，它们头脸像马、角像鹿、颈像骆驼、尾像驴，长着极其壮观的大角，有着极其优美的身姿，于是在当时的人们眼里，这几乎是堪与龙相比的神兽了，有的人就干脆把它们叫做麒麟。

孔子与麒麟密切相关，相传孔子出生之前和去世之前都出现了麒麟，哀公十四年春天，鲁君"西狩获麟"，孔子为之感伤而落泪，并表示"吾道穷矣"。他还为之作歌曰："唐虞世兮麟凤游，今非其时来何求？麟兮麟兮我心忧。"不久孔子去世，所以麒麟也被视为儒家的象征。

现在我们知道，这种被称为麒麟的神兽就是一种非常特殊的大型鹿类——麋鹿，即俗称的四不像。在神话小说《封神演义》里面，姜子牙的坐骑就是一头四不像。

麋鹿体长约2米，肩高可达1.3米。尾巴比其他鹿类长得多，可达65厘米，是鹿科动物中最长的，末端生有丛毛。冬天的体毛很长，呈灰棕色，夏毛红棕色，颈部有一条黑褐色纵纹延伸到体背前部，颈下有黑褐色长毛。雌鹿无角，雄性有角，角枝形态十分特殊：角分两枝，每枝两杈，每杈又分一些小杈，看上去简直像一件精美的艺术品。

麋鹿性喜水，善游泳。由于趾蹄宽大，侧蹄亦能着地，适于在雪地和泥泞地上活动。6～8月发情。怀孕期约10个月，次年5月左右产仔。

最美的鸟兽

麋鹿一路走的都是传奇。它原产于我国长江中下游沼泽地带，以青草和水草为食物，有时到海中衔食海藻，在3000年以前相当繁盛。主要分布在我国的中、东部，日本也有，东海、黄海及其附近海域也曾发现麋鹿的化石。后来由于自然气候变化和人类的猎杀，在汉朝末年就近乎绝种。元朝时，蒙古士兵将残余的麋鹿捕捉运到北方以供游猎，就此在自然界灭绝。

进入 19 世纪之后，清朝皇家猎苑里仍然圈养着一批麋鹿，在西方人看来，这真是一个神奇的物种。1866 年，法国传教士大卫将麋鹿标本寄回法国，法国动物学家米勒·爱德华将其命名为大卫神父鹿。随后各国公使采用贿赂、偷盗等手段，为自己国家动物园搞到几只珍贵的麋鹿。1894 年永定河泛滥，冲毁皇家猎苑围墙，残存的麋鹿逃出，被饥民和后来的八国联军猎杀抢劫，从此在中国消失。

1898 年英国十一世贝福特公爵花重金将流散到巴黎、安特卫普、柏林和科隆的 18 头麋鹿全部购回，放养到乌邦寺庄园，到二战结束已经繁殖到 255 头。为了防止其灭绝，开始向各国动物园疏散。

在世界动物保护组织的协调下，英国政府决定无偿向中国提供种群，使麋鹿回归家乡。1985 年提供 22 只，放养到原皇家猎苑——北京大兴区南海子，并成立北京南海子麋鹿苑。1986 年又提供 39 只，在江苏省大丰市原麋鹿产地放养，并成立自然保护区。

回归后的麋鹿繁殖相当快，1994 年我国政府又在湖北省石首市天鹅洲成立第二个麋鹿保护区，从北京前后迁去 90 多只。目前世界麋鹿总数已经繁殖达 4000 头。但总的说来，仍然是一个濒危物种。

麋鹿的危机似乎是命中注定的。因为环境的变化是不可逆的，大泽消失了，沼泽也消失了，皮之不存，毛将焉附。孔子似的感伤，或许将不断上演……

梅花鹿：淡定如落梅

在十多年前的一个黄昏，我曾在上海的西郊动物园，与几只梅花鹿对视，它们的眼神是那么清澈，又是那么淡定，好像关在笼子里不是它们，而是我。

最终，是我败下阵来，把眼睛移开，去看天边那慢慢西沉的夕阳。

所以说，你囚禁了别人，其实也就囚禁了自己。

梅花鹿是一种中型鹿，主要分布于我国、日本和俄罗斯。体长 140 ~170 厘米，肩高 85 ~ 100 厘米，成年体重 100 ~ 150 千克，雌鹿较小。雄鹿有角，一般四杈。背中央有暗褐色背线。尾短，背面黑色，腹面白色。夏毛棕黄色，遍布鲜明的白色梅花斑点，故称"梅花鹿"。臀斑白色。每胎 1 仔，幼仔身上有白色斑点。

梅花鹿大部分时间结群活动，群体的大小随季节、天敌和人为因素的影响而变化，通常为 3 ~5 只，多时可达 20 多只。在春季和夏季，群体主要是由雌兽和幼仔所组成，雄兽多单独活动，发情交配时归群。每

最美的鸟兽

年 8~10 月开始发情交配，雌兽发情时发出特有的求偶叫声，大约要持续一个月左右，而雄兽在求偶时则发出像老绵羊一样的"咩咩"叫声。

梅花鹿晨昏活动，生活区域随着季节的变化而改变，春季多在半阴坡，采食栎、板栗、胡枝子、野山楂、地榆等乔木和灌木的嫩枝叶和刚刚萌发的草本植物。夏秋季迁到阴坡的林缘地带，主要采食藤本和草本植物，如葛藤、何首乌、明党参、草莓等，冬季则喜欢在温暖的阳坡，采食成熟的果实、种子以及各种苔藓地衣类植物，间或到山下采食油菜、小麦等农作物，还常到盐碱地舔食盐碱。

梅花鹿性情机警，行动敏捷，听觉、嗅觉均很发达，视觉稍弱，胆小易惊。由于四肢细长，蹄窄而尖，故而奔跑迅速，跳跃能力很强，尤其擅长攀登陡坡，那连续大跨度的跳跃，速度轻快敏捷，姿态优美潇洒，能在灌木丛中穿梭自如，或隐或现。

在合肥的野生动物园里，放养着不少梅花鹿，游客都喜欢买来面包去喂它们，那舌头舔在你的手上，很温热。这时你抬头看它们的眼睛——依然那么清澈，那么淡定。

白唇鹿：高寒之美

在数万年前，爱尔兰等欧洲国家盛产一种美丽的动物——大角鹿。鹿本来就是一种灵兽兼仁兽。而大角鹿的外貌和气质又格外突出，它又称为巨鹿、大角鹿，是曾经生活在地球上的最大的鹿。现今的马鹿和驼鹿以伟岸的身型和宽大的角而著称，但如果它们来到大角鹿身旁，就会立即低下高昂的头颅。

由于气候变化等因素，大角鹿在距今约 7000 年前灭绝了。

而在我的想象中，这些美丽的大鹿并没有消亡，而是辗转来到了青藏高原。它们不仅适应了寒冷的气候，而且生活得很自我：它们把硕大的角收缩得小一点，但到底不肯彻底低调下来，于是又在嘴唇上抹了一道闪耀的白色，越发显得高贵迷人。

这就是白唇鹿，一种似乎不食人间烟火的动物，洋溢着他处很难见到的高寒之美。

133

最美的鸟兽

白唇鹿又名岩鹿、白鼻鹿、黄鹿，体型大小与水鹿、马鹿相似。头骨泪窝大而深。唇的周围和下颌为白色，故名"白唇鹿"，为我国特产动物。成年雄鹿角的直线长可达1米，有4~6个分杈，雌性无角。蹄较宽大。通体呈黄褐色，臀斑淡棕色，没有黑色背线和白斑。

白唇鹿栖息在海拔3500~5000米的高寒灌丛或草原上。白天常隐于林缘或其他灌木丛中，也攀登流石滩和裸岩峭壁，善于爬山奔跑。喜欢集群生活。主要采食禾本科、蓼科、景天科植物，也吃多种树叶，有食盐的习性。

作为一种典型的高寒地区的山地动物，白唇鹿已列为国家重点保护野生动物名录一级加以保护。它的药用价值传遍天下，不仅肉可食，皮能制革，而且它的鹿茸、鹿胎、鹿筋、鹿鞭、鹿尾、鹿心和鹿血都是名贵的药材。

其实我以为，对于这样卓绝的动物，就不必再宣扬什么食用价值和药用价值了——它能一直存活于世，便是最大的价值。

麝：幽古的异香

香樟是一种有着独特芳香的大树，而其同音词"香獐"，也是一种重要的芳香动物。它所产生的麝香，与抹香鲸产生的龙涎香、灵猫香和河狸香，并称为古代四大动物香。

香獐又称麝、麝獐，在有角下目，是现存最原始的科。麝属中有四个种，包括原麝、林麝、黑麝与喜马拉雅麝。另外，马麝是喜马拉雅麝的亚种或同物异名；安徽麝则是林麝的同物异名。

在鹿类当中，麝是一个很奇特的小家伙。首先，雌雄都无角，这和一般的鹿有显著不同。其次，雄麝不仅有发达的獠牙，更是鹿类中唯一具有胆囊者。雄麝胆囊的分泌物干燥后形成的香料即为麝香，是一种十分名贵的药材，也是极名贵的香料。

麝多栖息于针叶林、针阔叶混交林、疏林灌丛地带的悬崖峭壁和岩石山地。多在拂晓或黄昏后活动，性怯懦，听觉、嗅觉均发达。白昼静卧灌丛下或僻静阴暗处。食量小，吃菊科、蔷薇科植物的嫩枝叶、地衣、苔藓等，特别喜食松或杉树上的松萝。行动敏捷，喜攀登悬崖，常居高处以避敌害。喜跳跃，能平地起跳 2 米的高度。雄麝利用发达的尾腺将分泌物涂抹在树桩、岩石上标记领域。在领域内活动常循一定路线，卧处和便溺均有固定场所。麝一般雌雄分居，各过各的独居生活，而雌兽常与幼麝在一起，这一"家庭模式"与梅花鹿有些相似。

麝很"恋旧"，栖息在某一领域的麝不肯轻易离开，即使被迫逃走，也往往重返故地。夏末上高山避暑，每年垂直性迁徙约两个月，然后重返旧巢。由于这一习性，麝也为猎人捕捉它"提供了机会"。

麝香在香料工业和医药工业中有着传统的不可替代的价值，是四大动物香料之首，香味浓厚，浓郁芳馥，经久不散。麝香作为一种名贵的中药材和高级香料，在我国已经有 2000 多年的历史。汉朝的《神农本草经》、明朝的《本草纲目》等诸多本草药典均将麝香列为诸香之冠、药材中的珍品，认为它能通诸窍、开经络、透肌骨，主治风痰、伤寒、瘟疫、暑湿、燥火、气滞、疮伤、眼疾等多种疾病。很多著名的中成药，如安宫牛黄丸、大活络丹、六神丸、苏合香丸、云南白药等都含有麝香的成分。现代临床药理研究也证明麝香具有兴奋中枢神经、刺激心血管、促进雄性激素分泌和抗炎症等作用。

我国生产的麝香不仅质量居世界之首，产量也占世界的 70% 以上。然而，由于世世代代都在采用杀麝取香的方法，致使野生麝类资源越来越少，以至于在海拔较低的山地已很少见到麝的踪迹，尤其是北方原麝，已经在新疆、河北等地消失，如果不加以保护，这种幽古小兽就会有绝灭的危险。

黑麂：俊俏黑小子

以前我住在池州的时候，就听说山里面有麂子，麂子主要有两种，一种是珍贵的黄麂，另一种是更加珍贵的黑麂。

最美的鸟兽

黑麂是麂类中体型较大的种类。体长100~110厘米，肩高60厘米左右，体重21~26千克。冬毛上体暗褐色；夏毛棕色成分增加。尾较长，一般超过20厘米，背面黑色，尾腹及尾侧毛色纯白，白尾十分醒目。雄性具角，角柄较长，头顶部和两角之间有一簇长达5~7厘米的棕色冠毛。有时冠毛能把两只短角遮得看不出来，"蓬头麂"的别名就是从此而来的。

黑麂早春时常在茅草丛中寻找嫩草；夏季生活于地势较高的林间，常在阴坡或水源附近，偶尔也到高山草甸；冬季则向下迁移，在积雪的时候被迫下迁到山坡下的农田附近，大多待在阳坡。黑麂主要在早晨和黄昏活动，白天常在大树根下或在石洞中休息，在陡峭的地方活动时有较为固定的路线，常踩踏出16～20厘米宽的小道，但在平缓处则没有固定的路线。

和所有的小型鹿类一样，黑麂胆小怯懦，恐惧感强，稍有响动立刻跑入灌木丛中隐藏起来。一般雄雌成对在一起，活动比较隐蔽，有领域性，一般在领域范围内活动，还具有惊人的游泳本领。

黑麂有游走觅食的习性，在一定的范围内来回觅食，直到吃饱为止。主要以草本植物的叶和嫩枝等为食，种类多达近百种，包括伞菌、三尖杉、矩圆叶鼠刺、杜鹃、南五味子、爬岩红等。曾在它的胃内发现过一些碎肉块，表明它偶尔也能吃动物性食物，这在鹿类动物中还是绝无仅有的。

对老外来说，黑麂颇为神秘，因为它不但迄今未曾在任何外国动物园展出过，而且仅有几件标本收藏；即使是我国的动物园，展出的数量也很少，由此它被国际上公认为最为珍贵的鹿类之一。目前野生的黑麂有2个分布中心，一个是在安徽南部，另一个在浙江西部，总数仅有5000～6000只。

雪兔：冰雪公主

一个"雪"字，能说明雪兔的纯洁，但还不能完全说明它的美丽。

雪兔也叫变色兔、蓝兔，广泛分布在欧亚大陆北部，个头较大，体长一般在50厘米左右。耳朵短，尾巴也短，是我国9种野兔（其余8种为东北兔、东北黑兔、华南兔、草兔、高原兔、塔里木兔、云南兔和海南兔）中尾巴最短的。雪兔为了适应冬季严寒的雪地生活环境，冬天毛色变白，夏天毛色又变回深色，是我国唯一冬毛变白的野兔。此外，雪兔毛长而绒厚，足底毛长呈刷状，便于在雪地上行走。

雪兔胆小怕惊，喜安静，耐寒怕热，喜啃咬木头和洗浴。夏季主要以多汁的草本植物、浆果及牧草为食，冬季主要吃嫩枝及树皮。雪兔白天隐蔽，夜间活动，无固定的洞穴，多在坑洼处或倒木的枝丫下隐藏。冬季在雪被下挖洞，可深达100～120厘米。

　　雪兔的腿肌发达而有力，前腿较短，具 5 趾，后腿较长，具 4 趾，脚下的毛多而蓬松，适于跳跃前进。

　　爱，常常让人迷狂。雪兔也不例外。一到 3～5 月的交配季节，胆小而温和的雪兔就一反常态，不再像平时那样谨慎而隐蔽，变得异常活跃，整天东奔西窜，寻找配偶。为了获得雌兔的青睐，雄兽常常欢蹦乱跳，嬉戏狂欢，跳跃时做出各种怪诞的动作，这就是谚语中所说的"狂若三月之野兔"。

　　雪兔每年可产 2 窝仔，每窝产仔 3～6 只，母兔一般总是把小兔产在地下洞中。新生小母兔长得特别快，一年后就可做兔妈妈了。

　　雪兔的耳朵较家兔为短，这是因为在寒冷的地带不仅不需要布满毛细血管的大耳朵来散热，而且要常常将耳朵紧紧地贴在背上，以保存热量。它的眼睛很大，置于头的两侧，为其提供了大范围的视野，可以同时前视、后视、侧视和上视，真可谓眼观六路。但唯一的欠缺是眼睛间的距离太大，要靠左右移动面部才能看清物体，在快速奔跑时，往往来不及转动面部，所以常常撞墙、撞树，"守株待兔"的寓言故事恐怕就取材于此。它的尾短而宽，略呈圆形，正所谓"兔子尾巴长不了"。

雪兔快跑!

我国的雪兔野生种群数量有待进一步调查。据 1977～1979 年资料显示，估计分布于大兴安岭地区的雪兔数量可达几万只。20 世纪 80 年代初，大兴安岭林区每年收购雪兔皮约六七千张。近几年数量急剧下降。

一个"张"字，尤其让人痛楚，意味着一个如此可爱的雪白精灵，被压缩成一件工业品，薄薄的，小小的，那毛色，再也不会随着季节的变化而变化。

最美的鸟兽

雪豹：因为山在那里

　　我去新疆的时候是八月，乘坐的飞机在天山山脉上空飞行，透过舷窗，可以看到不少山头还堆积着常年不化的白雪。这时我特别希望自己能有一双千里眼，能够看到与雪共舞的雪豹。

　　雪豹是中亚高原地区的王者。常栖于海拔 2500～5000 米高山上。夏季可在 3000～6000 米的高山上见到，冬季多随着食物的迁徙而下降至 2000～3500 米。但有的雪豹在冬季仍生活在 5000 米的高山上，而且生机勃勃。

　　雪豹既是世界上最高海拔的显著象征，又是健康的山地生态系统的指示器。因为它的活动路线较为固定，易捕获，加之豹骨与豹皮价格昂贵，人类不断地捕杀雪豹，使雪豹的数量急剧下降。没有人确切知道野外现存多少只雪豹，估计种群数量仅有几千只。孤寂的雪豹已被列入国际濒危野生动物红皮书。目前雪豹数量最多的国家是哈萨克斯坦。

　　在我国，雪豹生活在西藏、四川、新疆、青海、甘肃、宁夏、内蒙古等省区的高山地区，如喜马拉雅山、可可西里山、天山、帕米尔高原、昆仑山、唐古拉山、阿尔泰山、阿尔金山、祁连山、贺兰山、阴山、乌拉山等。这些地方大多没有人类居住，仅生长着极少的高山垫状植被。

　　雪豹是耐得住寂寞的隐士，也是本领高强的斗士。它感官敏锐，性机警，行动敏捷，善攀爬、跳跃。由于其粗大的尾巴做掌握方向的"舵"，它在跃起时可在空中转弯，因此其捕食的能力很强。雪豹性情凶猛异常，但在野外一般不主动攻击人。叫声类似于嘶嚎，不同于狮、虎那样的大吼。

　　雪豹一般栖居在空旷多岩石的地方。和雪兔一样，它也拥有御寒的法宝。即使气温在零下 20 多度时，雪豹也能在野外活动。它全身长满厚厚的长毛，这层长毛之下又有着浓密的底绒，能够抵御严凛的风寒。足垫和垫间的丛毛可以在冰雪地上防滑抗冻，当夏季高山酷暑、阳光照射在岩石上的时候，又可以隔热挡灼烫。

143

最美的鸟兽

冰雪般的凛然

　　海明威的小说《乞力马扎罗山的雪》中，写到人们在海拔 5000 多米的乞力马扎罗山山顶发现一具冻僵的猎豹尸体，没有人知道这只豹子为什么会去哪里。众所周知，非洲的猎豹缺乏雪豹那样的御寒能力。我国登山队在珠穆朗玛峰北坡考察时，曾在海拔 5300 米高山营地的附近见到过一只雪豹，不用说，那是一只不仅活着而且行动矫健的雪豹。

　　有人问新西兰登山家乔杜里为什么要登山，这位率先征服珠峰的登山家说："因为山在那里。"

　　也因为，那里离人最远。

云豹：把白云画在身上

有一种豹子，把云朵画在自己的身上，似乎以此来展示自己的自由和不羁。

这就是云豹，因身上云状的灰色或黑色斑点得名。云豹是大型猫科动物中体形最小的一种，它们的躯体只有 1 米长，体重 30 千克左右。主要生活在我国南部、泰国、马来西亚和印度尼西亚的苏门答腊岛和婆罗洲岛。

云豹身上的云纹正是很好的伪装。因此，它们在丛林里生活，很不容易被人发现。平时云豹非常安静，即使当你从它们蜷伏的树枝下走过时，你也不知道你的头顶就有云豹。它们个子虽然短小，但却具有猛兽的凶残性格和矫健的身体。

145

最美的鸟兽

　　成年的云豹头骨全长普遍在 16 ~ 19 厘米之间，一些极大的个体，可以达到 20 厘米。这是相当恐怖的尺寸了。它还拥有猫科动物中比例最长的犬齿，锋利而细长。犬齿舌面和唇面均有两道明显的血槽，齿尖比例特长，故使它有"小剑齿虎"之称。

　　云豹白天休息，夜间活动，它们是高超的爬树能手。在树之间跳跃对它们来说实在是小意思，要知道它们可是能以肚皮朝上，倒挂着在树枝间移动，也能以后腿钩着树枝在林间荡来荡去。云豹的特殊本事得益于千百万年来的进化，它们的四肢粗短，使得重心降低；带有长长利爪的大爪子能帮助它们在树间跳跃时牢牢地抓住树枝；那条又长又粗的尾巴则是它们在攀爬时重要的平衡工具；它们的后腿脚关节非常柔韧，能极大增加脚的旋转幅度。所有这一切，都使它们能很漂亮地完成那些高难度动作。

巴黎动物园里的小云豹

　　云豹喜欢在树枝上守候猎物，待小型动物临近时，能从树上跃下捕食。它既能上树猎食猴子和小鸟，又能下地捕捉鼠、野兔、小鹿等小哺乳动物，有时还偷吃鸡、鸭等家禽，但不敢伤害野猪、牛、马，也不会攻击人。

　　据说云豹还善于游泳，甚至仅凭一条后腿即可在水中游动。

　　云豹曾遍布亚洲，如今却由于人类贪图它们的美丽毛皮和豹骨而陷入濒危绝境。在我国，人们在甘肃、陕西以及长江以南各省还能见到它们的踪迹。而在我国台湾，它们曾是某些当地土著山民的精神象征，可惜再高贵的精神象征也无法和现代人类的贪婪抗衡，于是不幸的台湾云豹最终在 1972 年灭绝。

云豹对于爱情很忠贞。一旦找到意中人，便终生只与配偶交配。但令人感慨的是，公云豹生性凶猛暴躁，对母云豹不会怜香惜玉，甚至可能在交配期间杀死母云豹。这难道是因为爱到极致吗？

147

最美的鸟兽

东北虎：我是世界之王

虽然我是狮子座，但我要说，老虎要比狮子厉害。

横空出世

　　曾有多篇文章分析老虎和狮子究竟谁更厉害，如果作者不带偏见的话，那么结论只能是：老虎在许多方面都要胜过狮子。

　　老虎和狮子、金钱豹一样，被归在猫科豹属。老虎拥有猫科动物中最长的犬齿、最大号的爪子，集速度、力量、敏捷于一身，前肢一次挥击力量达 1000 千克，爪刺入深度达 11 厘米，一次跳跃最长可达 6 米，擅长捕食。一言以蔽之，它就是一台浑然天成的大规模杀伤性武器。

　　其实从气候上看，也能得出老虎比狮子厉害的结论。老虎主要生活在温带或亚热带，较寒冷的气候使它的能量处于紧绷状态，而狮子生活在热带，过于炎热的阳光也在消耗着它的体能。所以，老虎给人的印象是那种随时可能爆发的临界兴奋状态，而狮子就显得比较慵懒了。

老虎食量非常大，以大中型食草动物为食，也会捕食其他的食肉动物，已有确切记录表明，老虎有攻击或捕杀亚洲象、犀牛、鳄鱼、熊等动物的实例。在它的领地范围内，其他的食肉动物，如豹、狼、熊等会受到一定压制，所以处于食物链之巅，对生态环境有很大的控制调节作用，同时也对猎物的数量变化非常敏感。因此有虎生存的地区，必须有完整的生态环境。

老虎的游泳技术高超，特别是母老虎。母老虎是大型猫科动物中最喜欢水的，天气热时经常在水中避暑降温。而且老虎爬树技巧也很突出。老虎本来就属猫科动物，猫会爬树，老虎自然会爬树，什么猫是虎的师父，却没有教它爬树，不过是人们长久以来的以讹传讹罢了。只是老虎完全可以凭借自身优势，长期生活在平坦大地上，过着舒服日子，不去冒那摇摇欲坠的爬树风险，只有在迫不得已的情况下才显现出本能。

在我国，老虎自古就是"兽中之王"，也就是"毛虫之长"，并与"鳞虫之长"的龙并列。古人常有左龙右虎作为护卫的习惯。因此，虎成了势不可挡、不可战胜、不容侵犯的代名词。

老虎究竟是怎么起源的呢？一般认为老虎是起源于亚洲的东部，尤其是我国境内。在我国境内，它早于豹属的其他成员，如狮子或豹子，首先大约在两百万年左右以前分化出来。华南虎是我们国家特有的，被

149

最美的鸟兽

认为是所有老虎的祖先，是一个原始的类群。老虎本有 9 个亚种，不幸的是其中有 3 个亚种灭绝了。剩下的 6 个亚种中，生活区域最北也最强悍的是众所周知的东北虎，也称西伯利亚虎。

　　狮子和老虎这对老竞争对手，有的时候也会被人拉郎配。比如狮虎兽，就是雄狮与雌虎交配产下的，就像骡子。骡子可以集中马和驴的优点，而狮虎兽徒有老虎和狮子的外形，却没有老虎和狮子的强壮。

　　1+1 有的时候小于 1，这就是大自然玄妙的地方。

马来熊：比泰迪更可爱

　　在大型猛兽中，熊是唯一能站起直立行走的动物了，这也使它显得更亲切可爱，为它被"拟人化"打下了基础。细数所有的玩偶，应该以熊的形象为最多吧。

151

最美的鸟兽

　　泰迪熊是最著名的熊玩偶了。关于它的来历，还有一个故事：1902年，当时的美国总统西奥多·罗斯福参加了一次狩猎活动。由于一路下来毫无收获，同行的人为了安抚和讨好总统，就把事先捕获的小黑熊绑在树上，让总统射杀。罗斯福看到已受伤的小熊无辜可爱的模样，不忍下手。他放下枪说："这不是一场公平的竞争！"当场发誓从此不再猎杀黑熊。此事后来被政治漫画家贝利曼作为蓝本，画了一幅漫画。在纽约经营杂货水果铺的俄裔米德姆夫妇，依照漫画中的形象制作了一只小绒毛熊，并将它放在铺里作装饰。意外的是，小熊很快就被买走。在得到罗斯福总统的允许后，这种小熊被正式以总统的小名——"泰迪"

来命名。此后，泰迪熊便开始了它风靡世界的星光历程。

泰迪熊的模特本是黑熊，但我却无端地认为，马来熊更适合做这样的模特。

马来熊是熊科动物中身形最小的成员。它们身高约 120～150 厘米，尾长 3～7 厘米，体重 27～65 千克。公熊的个头只比母熊大 10%～20%。马来熊全身黑色，体胖颈短，头部短圆，眼小，鼻、唇裸露无毛，耳小而颈部宽。全身毛短绒稀，乌黑光滑；鼻与唇周为棕黄色，眼圈灰褐；两肩有对称的毛旋，胸斑中央也有一个毛旋。尾约与耳等长；趾基部

连有短蹼。前胸通常点缀着一块显眼的"V"形斑纹，斑纹呈浅棕黄或黄白色，特别像网球运动员穿的 V 领背心。如果打起架来，这块胸斑看起来倒增加了几分威猛劲儿。

和很多野生动物一样，马来熊也更喜欢在夜间出来活动。它们的脚掌向内撇，尖利的爪钩呈镰刀型，这让它们成了当仁不让的爬树专家。因此它们生活中有很大一部分时间是在离地 2～7 米的树杈上度过的，包括睡眠和日光浴。冬季的马来熊并不冬眠，或许这是因为它们居住在炎热地带，而食物来源一年到头都比较充足的缘故吧。

马来熊也是杂食性动物，而且是有什么吃什么。它们的长舌很适合从野蜂窝中取食蜂蜜和蛴螬，由于有粗糙短毛的保护，可以免遭蜂蜇。马来熊有时还挖掘白蚁吃，它们用两只前掌交替着伸进蚁巢，再舔食掌上的白蚁。此外，如果能找到各种美味的果子和棕榈油，当然也不会放过。偶尔运气不错，它们也会捕捉一些小型啮齿类动物、鸟类和蜥蜴等打打牙祭，甚至还会帮助老虎打扫人家吃剩的腐肉。

马来熊是数量少得不能再少的熊了。威胁马来熊生存的主要原因还是人类活动，包括森林砍伐造成的栖息地丧失等。1972 年在我国云南

南部边境山地首次发现马来熊，数量极少。

年幼的马来熊是很有趣的玩物，不过长大后依然会变得有一定危险性，因为它毕竟是熊（当然，与棕熊和北极熊无法相比）。由于它们聪明乖巧，所以很易驯养，在马戏团里深受观众喜爱和赞叹。

看着胆小的马来熊在驯兽师的皮鞭下，笨拙地做着各种高难动作，不由联想起穿 V 领背心的小泰迪熊，联想起胜利的手势，或许对于熊来说，不求得到像泰迪熊玩偶那样的呵护，只要不被插上管子抽取胆汁，此生就算胜利了。

153

最美的鸟兽

藏獒：它只属于雪域高原

　　我办公室所在的小区里也有养藏獒的主儿，不知是出于什么样的心理——是太需要自我保护，还是需要仗着狗势向别人示威？无论是哪样，把这大家伙牵出来难免会吓邻居一大跳，据说为此而产生邻里纠纷的事件也时有发生。

　　人类啊，为什么要饲养藏獒呢？难道它不应该专属于那片凛冽而辽阔的雪域高原吗？难道我们驯养的狗狗种类还不够多吗？难道也想把藏獒变成京巴、腊肠那样的宠物吗？

　　藏獒是世界大型名犬之一，有"东方神犬"的美誉，又称为藏狗、羌狗、番狗、蕃狗、马士迪夫犬等，产于我国西藏，现在世界各地均有驯养。它的骨架粗壮，体魄强健，是一种善斗的狗。《尔雅·释畜》中

说："狗四尺为獒。"据传，数千年前藏獒便活跃在喜马拉雅山麓、青藏高原地区。我国最早的关于藏獒的记载是在大约公元1121年，后来通过著名旅行家马可·波罗的游记而传遍世界。

　　藏獒身长约120厘米左右，体毛粗硬，丰厚，外层披毛不太长，底毛在寒冷的气候条件下，十分浓密且软如羊毛，耐寒冷，能在冰雪中安然入睡。而在温暖的气候条件下，底毛则非常稀少。藏獒性格刚毅，力大凶猛，野性尚存，使人望而生畏。护领地，护食物，善攻击，对陌生

人有强烈敌意，但对主人极为亲热，是看家护院、牧马放羊的得力助手。

有人把藏獒比作狼，我觉得这是把它矮化了。我以为，藏獒就是中国的狮子，中国没有狮子，它似乎可以做一个替代了。

但狮子是不该被驯养的。它就该生活在野外，凭借自己的才能和勇气，去过不那么安逸，但却是自己想要的生活。

一个獒字，实在是一个霸气外露的汉字。我联想到鳌，这是一种巨大的鱼，水域里的霸主；我还想到螯，那是螃蟹等节肢动物的利器；我还想到翱，那是特指雄鹰在蓝天飞翔的样子……

当然，还有"傲"，什么是傲？有上天赐予自己的禀赋，有最适合自己的生活方式，有专属于自己的领地，这就是傲。

所以，人类，请放过藏獒吧！

155

最美的鸟兽

赤狐：千年修行难自弃

狐狸是文艺作品喜欢表现的对象。当年一部《狐狸的故事》曾让许多中国观众为之感伤不已，随后日本人又推出了《子狐物语》，叙述了一个小男孩在路上捡到一只小狐狸后发生的故事，催人泪下。

如果少了狐狸，《聊斋志异》将少了一大半光彩。娇娜、青凤、胡四姐、莲香、红玉、辛十四娘、鸦头、封三娘、小翠、凤仙、施舜华、婴宁、青梅……这些闪光的狐女形象，让人经久难忘。

大自然中，最常见的狐狸是赤狐。赤狐广泛分布于欧亚大陆和北美洲大陆，还被引入到澳大利亚等地，栖息于森林、灌丛、草原、荒漠、丘陵、山地、苔原等多种环境中，有时也生存于城市近郊。

赤狐喜欢居住在土穴、树洞或岩石缝中，有时也占据兔、獾等动物的巢穴，冬季洞口有水气冒出，并有明显的结霜，以及散乱的足迹、尿迹和粪便等；夏季洞口周围有挖出的新土，上面有明显的足迹，还有非常浓烈的狐臊气味。但它的住处常不固定，而且除了繁殖期和育仔期间外，一般都是独自栖息。通常夜里出来活动，白天隐蔽在洞中睡觉，长长的尾巴有防潮、保暖的作用，但在荒僻的地方，有时白天也会出来寻找食物。赤狐的腿脚虽然较短，爪子却很锐利，跑得也很快，追击猎物时速度可达每小时50多千米，而且善于游泳和爬树。

赤狐记忆力很强，听觉、嗅觉都很发达，行动敏捷且有耐久力，不像其他犬科动物多半以追捕的方式来获取食物，而是能想尽各种办法，以计谋来捕捉猎物。它往往首先在植物茂盛，野鼠、野兔活动频繁的地带，根据气味、叫声和足迹等寻找它们的踪迹，然后机警地、不动声色地接近猎物，甚至将身子完全趴在地上匍匐而行，以免猎物受到惊吓而逃跑；待到钻入洞穴之中或者岩石、树木之下，赤狐便蹲伏下来，做好伺机而动的准备，然后先轻步向前，紧接着步子加快，最后变成疾跑，突然出击，抓获猎物。有时还假装痛苦或追着自己的尾巴来引诱穴鼠等小动物的注意，待其靠近后，突然上前捕捉。

赤狐生性多疑，行动时大多先对周围环境进行仔细观察，因此在我国有"狐疑"一词。当遇到敌害时，它就会使用身体内藏着的一个秘密武器——肛腺，分泌出几乎能令其他动物窒息的"狐臭"，迫使追击者不得不停下来。在危急的情况下，它也能用窜进羊群中、跳到河里隐藏等方法逃脱。被猎人捉住的赤狐，还有一套"装死"的本领，能够暂时停止呼吸，似乎已经奄奄一息，任人摆布，但乘人不备时，就突然迅速逃走。这些狡猾的行为，都是它高超的生存手段。

赤狐的眼睛适于夜间视物，在光线明亮的地方瞳孔会变得和针鼻一样细小，但因为眼球底部生有反光极强的特殊晶点，能把弱光合成一束，集中反射出去，所以在黑夜里常常是发着亮光的。在荒山旷野里的古寺、废墟、坟墓、土丘附近，如果夜里有几只赤狐来回游荡，远远望去就像有很多忽隐忽现、闪烁发光的小灯，常常使人迷惑不解，产生恐

惧，或者引起精灵鬼怪之类的幻想，再加上赤狐固有的机敏、狡猾的习性，便产生了形形色色的荒诞传说，也给赤狐涂上了一层神秘的色彩。人们由此称它为"狐仙"。

赤狐中还有不少体色的变异类型，如全身毛色为黑色的叫黑狐或黝狐；全身底毛为黑色，但毛尖带有白色，在光照下呈现出银色光辉的，叫银狐或玄狐；全身为赤褐色，肩部有黑色十字形毛的叫十字狐；此外还有倭刀狐，等等。但不同的色型并不代表不同的亚种，而且不管是什么色型，尾巴的尖端均为白色。产银狐较多的地区是美国东北部和加拿大，其次是北欧和西伯利亚北部。在不同地区，银狐与赤狐的比例是由1：20到1：5，这种体色突变与产地的湿度和光照等气候条件有着密切的关系。

说白了，狐狸也并没有多少神秘的地方，就是一种聪明而美丽的中小型动物，跟人类相比是地地道道的弱者。前些年天涯社区上有一篇帖子，某网友诉说自己养了一条狐狸的真实经历，结果跟帖者无数，由此可见网友对狐狸的好奇，也可以看出狐狸在网友心目中的形象还是蛮萌蛮正面的。

你也想养一只狐狸吗？你准备叫它小翠还是青凤呢？

紫貂：祸起"软黄金"

硬木以紫檀最为珍贵，皮毛以紫貂最为宝贝，一向有"软黄金"之称。看来，紫色乃是一种高贵品质的象征。

紫貂是一种特产于亚洲北部的貂属动物，体型有些像黄鼠狼，但更大一些，体长在40厘米左右，体重约650克。它的四肢短健，后肢比前肢稍长，前后肢均具五趾，还具有肉垫。广泛分布在乌拉尔山、西伯利亚、蒙古、中国东北以及日本北海道等地。紫貂的皮毛称为貂皮，与人参、鹿茸并称为"东北三宝"。现已被我国列为一级保护动物，严禁捕猎野生的紫貂。

紫貂生活于海拔800～1600米的气候寒冷的针叶阔叶混交林和亚寒带针叶林。多在树洞中或石堆上筑巢。或许是连自己都十分爱惜自己的那一身皮毛，紫貂十分讲究居住美学。洞口常有入口与出口之别，洞内干净、清洁，还分为仓库、厕所和卧室等。仓库用于储存食物；卧室呈小圆形，直径20～25厘米，里面铺垫有草、鸟羽和兽毛等。

除交配期外，紫貂多独居；其视、听敏锐，行动快捷，一受惊扰，瞬间便消失在树林中。以松鼠、花鼠、田鼠、姬鼠、鼠兔、野兔、雉鸡、松鸡、小鸟、鸟卵和昆虫等为食，有时也捕鱼，采食蜂蜜、各类坚果和浆果等。昼夜均能活动觅食，但以夜间居多。食物短缺时，白天也出来猎食，活动范围在5～10平方千米之内。多在地上捕捉猎物，攀缘爬树也很灵活。冬季食物短缺时，就迁移到低山地带，待天气转暖时再返回。

在我国古代，皇帝的侍从们就爱用貂的尾巴来做帽子的装饰。《晋书·赵王伦传》中记载，当时由于任官太滥，貂尾不足，就用狗尾代替。因此人们讽刺道："貂不足，狗尾续。""狗尾续貂"这句成语就来

159

最美的鸟兽

自于此。在清朝，有过严格规定，只有高官显爵才能穿着貂皮，从而以少数毛皮来抬高少数统治者的身价。实际上，当时官府垄断了貂皮的生产，因此曾流传过这样一句说法："头品玄狐二品貂，三品四品穿倭刀。"（倭刀是青狐的别称，毛色兼黄黑，贵重程度次于玄狐即黑狐。）

　　据说，老辈人猎貂，为使貂皮无损，在风雪天赤裸身体躺在有紫貂的山里。紫貂心善，常以体覆盖冰冻的猎人，使其暖，便被捉。只是，由于天气过于寒冷，用这种方法捉貂，常十人不得生还二三。

　　何苦来哉?!

亚洲象：失落的尊严

　　亚洲象是亚洲大陆现存最大的动物，也是当今世界体型第二大的陆地动物（仅次于非洲象）。一般身高约 2.9 米（最高纪录 3.3 米），重可达 6 吨。现分布于北纬 24.6 度以南的我国云南西双版纳的勐腊县及南亚、东南亚部分地区。亚洲象是列入《国际濒危物种贸易公约》濒危物种之一的动物，也是我国一级野生保护动物，我国境内野生象现仅存 300 余头。

　　大象的美，原本在于它的尊严。它身形巨大，却不欺负其他小动物，当然也没有猛兽敢欺负它——保有自己的尊严，也顾全他者的尊严，大象不愧为和平的使者。

　　有尊严地活，更要有尊严地死。死得太难看，显然是不符合生命美学的。大象在这一点上，几乎是接近于人的，它死得很从容，又很私密。

　　自古以来就有一种传说：大象在临死前一定要跑到自己的秘密墓地去迎接末日。大约半个多世纪前，一支探险队在非洲密林发现一个洞

最美的鸟兽

窟，里面有成堆的象牙和象骨。这一新闻轰动了世界，许多人认为这个洞窟就是大象的墓地。

为了获得价格昂贵的象牙，在野象的王国非洲，经常有人深入密林探险，四处寻找大象的墓地。据非洲一个土著部落的酋长说，他有一次打猎迷了路，途中发现一个大岩洞，洞中白骨累累，而且亲眼看见一头大象走进去死在那里。这好像是一个大象的墓地，但后来一些人按照他所指的路线去寻找，却什么也没有找到。

野象一般都是自然老死的，可是在密林中，人们找不到它们的尸体，也极少发现大象的尸骸。一些科学家认为，大象有可能是集中在某一个地方结束生命的。可是他们无法解释大象为什么要死在一起，它们又是如何在临死前找到墓地的。也有的动物学家认为，死亡的大象是由象群集体埋葬的。但是为什么找不到大象的墓地呢？

这些谜题如今还没有完全解开，但解不解开，似乎已经不那么重要了。因为大象的生死已经被人类掌控，它们的尊严受到了前所未有的严重挑战。

亚洲象尤其如此，与非洲象相比，亚洲象性情温驯，容易驯养。

大象在东南亚被视为"活的起重机"，每头大象相当于20～30人的劳动力，但是它们工作的环境却非常艰苦。大象在密集的雨林里行走起来非常不便。由于木材过长，不便在林中转弯，大象拖拽的时候经常会被林中的树木卡住，进退不得。此时大象的主人会不停地发出指令，让大象前后左右来回折腾，大象又热又饿，不愿前行，或者错误理解主人发出的指令，就会立刻遭到砍刀背、棍棒的猛烈殴打，棍棒打在大象耳根处，大象惨叫不已。

为了让大象好好干活，象的主人通常会在开始工作前给每头象喂上一块饭团，而在拉运木材的过程中，大象几乎整天不得饮水、进食，而一头成年象每天的进食量在30～60千克。经常在这种饥饿状态下工作，大象的体力根本无法恢复。

大象的寿命只有七八十岁，被驯养的大象通常从十几岁就开始工作，要干到五六十岁体力不支的时候才能退休。对于拉木头的大象而言，一年中最快乐的日子是采伐季节结束之后，大象的主人会为它们清洁身体，饱餐一顿，然后放归山林，让它们自食其力。待到下一个旱季到来的时候，再把它们找回来，重新套上铁链。

亚洲象每胎只能生产一只幼崽，但是孕期非常长，达 600～640 天。亚洲象的性成熟期也比较晚，雌象到 12 岁左右才会性成熟，而雄象还要更晚。它们一旦被人驯养，沦为人类的家奴后，就被迫过上一种孤独的生活，根本没有机会自由地接触它们喜欢的异性，这导致了它们的生育率下降。

而那些生存在野外的大象，也因为整体生存环境在不断恶化而数量日趋下降。据世界野生生物基金会统计：在亚洲南部大约生存着 3.5 万头亚洲象，有 6500 头是在缅甸境内生活，其中有 4800 头被用来运送木头，其他的在泰国和老挝等地，泰国的大象以旅游表演为主，而老挝被驯养的大象则主要用来搬运重物。1997 年，亚洲象被国际自然保护联盟（IUCN）列为濒危物种。

有关专家说，除了驯养劳作导致的生育率下降外，人类对土地的侵占所导致的亚洲象栖息地的丧失，被视为亚洲象生存的最大威胁。

一个见识过大象拉木头场景的人曾经写过一首诗："有无数大象／被驯化和奴役／它们瘦骨嶙峋、状如标本……没有人见识过它们的墓地／包括自由的山野……它们生活的牧场／变成了刑场或牢狱。"

据说，受虐待的大象会悄然落泪，从它那几乎干裂的眼角流出无声的抗议。

163

最美的鸟兽

儒艮：丑丑的美人鱼

世界各地的许多民族中，都流传着美人鱼的神话故事。当然，大自然里是不存在这样半人半鱼的精灵的，如果我们顺着神话的线索探究下去，就会发现美人鱼背后的那憨憨的、笨笨的海牛。这种海洋里的哺乳动物，就是塑造美人鱼的原型呢。

其实，海牛一点儿也不美，既无秀发，又不苗条。皮肤不但不嫩白，反而是钢灰色的。脸庞非但不美，还有一嘴大胡子（触须），而且鼻短唇厚，是个十足的丑八怪。那么，它为什么与美人鱼联系在一起呢？原来这与海牛生活在海藻丛中，出水时头上披有水草有关。在哺乳时，雌海牛用一对偶鳍将孩子抱在胸前将上身浮在海面，半躺着喂奶，这就成了航海水手眼花误认为的"美人鱼"而流传至今。

世界上有 3 种海牛，分别原产于南非、西非和大西洋热带海域沿岸。据说"海牛"这一名称与哥伦布有关：有一次，哥伦布在航行途中捕捉到海牛，烹煮后品尝，发觉其味似牛肉，故名。在我国古代，海牛则被称为儒艮。

野生的海牛多半栖息在浅海，从不到深海去，更不到岸上来。每当海牛离开水以后，它们就像胆小的孩子那样，不停地哭泣，"眼泪"不断地往下流。但是它们流出的并非泪水，而是用来保护眼珠、含有盐分的液体。海牛喜欢潜水，它用肺呼吸，能在水中潜游达十几分钟之久。那么海牛是怎样呼吸呢？原来它的 2 个鼻孔都有"盖"，当仰头露出几乎朝天的鼻孔呼吸时，"盖"就像门一样打开了，吸完气便慢条斯理地潜入水中。平时总是慢吞吞不知疲倦地游动，有时也爱翻筋斗，但动作迟缓，真像一头笨牛。不过，它在海上垂直地竖起时，远远看去，还真像神话里的人身鱼尾怪物呢。

海牛与陆生牛一样都是哺乳动物。据考证，海牛原是陆地上的"居民"，但与陆生牛不是同一"老祖宗"，乃是大象的远亲。近亿年前，因为大自然的变迁而被迫下海谋生。由于长期适应水环境，其相貌与体型与大象无相同之处。但在某些方面仍有共同点：身躯庞大，海牛的肤色、皮厚（3~4厘米）似大象，且均为草食动物。

三口之家乐陶陶

海牛是海洋中唯一的草食哺乳动物，食量很大，吃草时简直像卷地毯一般，素有"水中除草机"之称。这在有的时候能派上大用场。例如非洲有一种叫水生风信子的水草，曾在刚果河上游的 1600 千米的河道蔓延生长，连小船也无法通行，当地居民由于粮食运不进去，被迫背井离乡。扎伊尔政府为解决这一社会危机，花了 100 万美元，沿河洒除莠剂，仅隔 2 周，这种水草又加倍生长出来。后来，在河道放入 2 头海牛，这一难题便迎刃而解了。

我国曾引进水葫芦作为观赏使用，但后来发现能做猪饲料，就大面积种植，结果导致了水葫芦的疯长。后来人们让海牛去吃水葫芦，海牛能吃掉几吨的水葫芦，实在是个大胃口的"美人鱼"啊！

海牛与陆生牛一样，都有着美好的性格，都能为人类做出贡献。然而，在人类对海牛的了解还不太多的今天，海牛却已面临断种绝代的境地。原来，海牛长期遭到捕杀。这是因为海牛肉细嫩味美，脂肪还可以

165

最美的鸟兽

提炼润滑油，皮可以制耐磨皮革，甚至肋骨也可作象牙的代用品，全身是宝。这是导致它趋于灭绝的根本原因。

除了人为偷捕，无意中的杀害也很严重。如美国佛罗里达沿海，因水质污染，连年发生赤潮，海牛也连年死亡不断。早年有报道称海牛听力灵敏，可是近年来的研究结果证实，海牛的听力较差。据资料报道，仅在佛罗里达半岛周围，每年被螺旋桨和高速快艇撞死的海牛就有百余头。为了不使海牛成为昔日的恐龙，近年来，加勒比海周围各国除了划定海中禁捕区，还成立了各种宣传和保护海牛的"俱乐部"。

但愿温顺的海牛能与海水相依到永远！

中华白海豚：粉红宝贝

1997 年，在香港各界庆祝回归委员会的成立典礼上，主席台上悬挂的大型庆委会会徽分外引人注目：一条活泼可爱的卡通形式的中华白海豚一跃而起，在浪花上嬉戏，中间是香港特别行政区区旗、区徽的主要组成部分，即配有五颗星的紫荆花，外圈是中英文的会名。会徽的构图体现了香港人民向往回归的喜悦心情：海浪既有圆圈形的浪花，又有长条形状的波纹，象征着喜悦与欢庆，而红底白花的紫荆花位于中华白海豚与波浪之间，显示着港人的胸怀。

选择中华白海豚为迎回归吉祥物，是因为它具有特殊的象征意义。首先是由于中华白海豚与香港的渊源极深，在香港西面水域，尤其是龙鼓洲及沙洲一带，经常可见到三五成群的中华白海豚出没。其次，中华白海豚的名字中有"中华"二字，它们每年都会游回珠江三角洲等地繁殖后代，具有不忘故土、热爱家园的品质。第三，中华白海豚喜欢群居，具有强烈的家族依恋性，尤其是雌兽对幼仔的爱护非常周到，当幼仔在渔网附近因贪食已上网的小鱼而被缠住时，雌兽会在网边急躁地徘徊，寻求营救幼仔的方法，甚至不惜冒着生命危险去冲击渔网来拯救幼仔，其亲情令人感动。正是这些特性，表达了香港人民热切期待回归祖国怀抱的迫切心情。

与此同时，1997 年 8 月，在中华白海豚的主要栖息地之一——福建省厦门市，也建立了一个总面积为 5500 公顷的以保护中华白海豚为主的自然保护区。同年 10 月，厦门市政府又下达了《厦门市保护中华白海豚规定》，并同与厦门毗邻的漳州、泉州两市一起共担义务，共同保护这一稀有的"海上国宝"。厦门人称中华白海豚为"妈祖鱼""镇港鱼"，因为在春天朝拜神圣"妈祖"期间也正是中华白海豚大群出现

167

最美的鸟兽

在厦门海域的时候，而且每逢它们出现时，海面上总是风平浪静，所以从前渔民们在海上作业时如果遇到中华白海豚，都要烧香叩头以求保佑。

中华白海豚属于鲸类的海豚科，是宽吻海豚及杀人鲸的近亲。很多市民及渔民均以为中华白海豚是一种鱼类，其实它们和其他鲸鱼及海豚都是哺乳类动物，和人类一样能够恒温、用肺部呼吸、怀胎产仔及用乳汁哺育幼儿。

刚出生的白海豚约1米长，成年白海豚体长2~2.5米，最长达2.7米，体重200~250千克；背鳍突出，位于近中央处，呈后倾三角形；胸鳍较圆浑，基部较宽，运动极为灵活；尾鳍呈水平状，健壮有力，以中央缺刻分成左右对称的两叶，有利于其快速游泳。吻部狭尖而长，长度不到体长的十分之一。喙与额部之间被一道"V"形沟明显地隔开。鳍肢上具有5趾。全身都呈象牙色或乳白色，背部散布有许多细小的灰黑色斑点，有的腹部略带粉红色，短小的背鳍、细而圆的胸鳍和匀称的三角形尾鳍都是近似淡红色的棕灰色。

白海豚身上的粉红色并不是色素造成的，而是表皮下的血管所引致。这与调节体温有关。一般会从初生的深灰色慢慢褪变为成年的粉红色。

中华白海豚眼睛较小，位于头部两侧，眼球乌黑发亮，视力较差，其辨别物体的位置和方向主要靠回声定位系统。海豚在鼻孔下有一气囊，靠鼻塞肉的开闭发声，这种声线在前额隆起处一个由脂肪组成的特有器官集中，按一定的频率进行发射；声音碰到不同的物体反射回来的不同频率信号，通过海豚下腭一个由脂肪组成的凹槽接收，传入内耳进行定位。这个回声定位系统虽然复杂，但反应极其迅速准确，可以测出前面物体的大小、形状、密度结构和属性，并作出判断和反应。海豚这种特殊功能已被生命科学部门和军事部门进行仿生学研究。

中华白海豚的摄食消化系统与陆上哺乳动物完全一致，拥有牙齿、食道、胃、肝、脾、肠。成年海豚上下颌共有锥形齿 125 ~ 135 枚，排列稀疏，其功能不在于咀嚼，而是用于捕食。摄食对象主要是河口的咸、淡水鱼类，不经咀嚼快速吞食。解剖分析海豚的胃含物，主要有棘头梅童鱼、凤鲚、斑、银鲳、乌鲳、白姑鱼、龙头鱼、大黄鱼等珠江口常见品种，食性以中小型鱼类为主。

169

最美的鸟兽

和人类一样，母豚也需要经历怀胎十月的辛劳。幼豚出生后即由母豚带领学游泳，母豚有乳汁分泌，哺乳期 8 ~ 20 个月。由于整个哺乳过程母子形影不离，保护周到，幼豚的成活率比其他水生动物要高得多。

除了母亲及幼豚，白海豚组群不会有固定的成员。它们的群居结构非常有弹性，而组群的成员也时常更换。根据记录，组群最多可有 23 条白海豚，而平均为 4 条。

当一群中华白海豚在海水中出没的时候，就仿佛一朵朵粉红色的云彩在蓝天里时隐时现，十分具有诗情画意。但近年来，可爱而珍贵的中华白海豚的数量在不断减少，保护"粉红宝贝"的工作刻不容缓。

白鳍豚：再见就是永远？

先说一个关于淇淇的故事：

淇淇是全世界唯一人工饲养的白鳍豚。1980 年 1 月 12 日，在洞庭湖口被渔民误捕到时只有两岁。它的脖子上至死都有被大铁钩子勾上岸时留下的两个深深的大洞。离开长江后，淇淇住进中科院水生所为它建的一个大房子里的水池中，人们戏称那儿为"白公馆"。

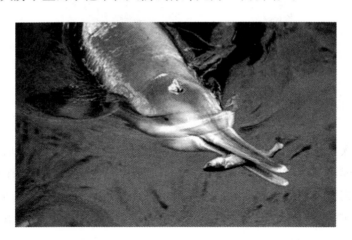

淇淇

淇淇初到因它而建的白鳍豚馆时，是相当局促不安的。于是，研究人员给淇淇找了一些娱乐项目。淇淇最喜欢的就是游泳圈和皮球，它喜欢用嘴巴将它们顶出水面。

但淇淇毕竟太孤独了。工作人员想给它找个伴。1986 年，一头名叫珍珍的雌性白鳍豚经工作人员的"介绍"，与淇淇相识了。开始的时候，工作人员怕淇淇反对，没有让两只白鳍豚立刻生活在一个饲养池里，而是在淇淇的水池边为珍珍另建了一个水池，只不过中间打通了一个通道，给它们留出交流的机会。

半个月后，珍珍先打破了僵局，主动游到了淇淇的"领地"，也许是孤独太久的缘故，淇淇对陌生的同类也有些局促和不知所措，总是躲闪着不让珍珍靠近自己。又过了半个月，淇淇终于可以接受珍珍生活在它的世界里，两只白鳍豚开始一起嬉戏玩耍。这段时间里，淇淇是快乐和健康的。令人遗憾的是，1988 年，尚未成年的珍珍因患肺炎不幸去世。1995 年，工作人员在长江捕到一头成年的雌性白鳍豚，打算让它与淇淇做伴，但这头白鳍豚不久也去世了。

转眼就到了 2002 年夏天。7 月 14 日上午 8 时，当饲养员走进白鳍豚馆时，淇淇已经"累"得沉在了水底，这是意料之中的悲伤一刻。24 岁的淇淇事实上已经进入了暮年。它的牙齿已经快磨没了，捕捉食物的能力明显变得呆钝。在它的"弥留之际"，工作人员为了淇淇可以吃到鱼，在将鱼投入水中之前先将鱼鳃挖掉，让鱼在水里慢悠悠地游，即使如此，淇淇常常还是"心有余而力不足"。生物学家和医学专家认定，淇淇是属于高寿自然死亡。

工作人员将已经沉睡不起的淇淇从水里抬上岸，给它拍照，做最后的告别。然后怀着一种矛盾的心情小心翼翼地将淇淇的身体打开……淇淇做出最后一次贡献，被制作成了标本；而它的 DNA 被保留下来，供以后研究之用。

白鳍豚，国家一级保护动物，又称白豚、白旗。为我国特产的一种小型鲸，是世界四大淡水豚之一。它的祖先在四五千万年前曾生活在陆地上，后来因自然环境的变化才迁居到水中。大约 2000 万年前，白鳍豚离开海洋进入长江。它只生活在中国长江的中下游。虽然它的知名度不如大熊猫，但要论起辈分，大熊猫的生存年限仅有 500 万到 600 万年，远比不上白鳍豚。

白鳍豚的样子很漂亮，它的身体呈纺锤形，长 1.5~2.5 米，重可达 230 千克。吻部狭长，约 30 厘米，前端略上翘。喷气孔纵长，位于头顶左侧。眼极小，在口角后上方。耳孔呈针眼状。背鳍三角形，鳍肢较宽，末端钝圆，尾鳍呈新月形。身体背面浅蓝灰色，腹面白色。

　　白鳍豚的繁殖率很低，每两年才生育一次，一胎只生一头，很少有生双胞胎的。与一般胎生动物不同的是，为了避免被溺死，小豚出生时先露出尾巴。刚出生的小豚长七八寸，体重不到1千克，用没有长牙的嘴喙咬住母豚的前鳍，每隔几秒钟由母豚带出水面换一次气。两个星期以后小豚才开始尾随母豚活动，再过一个多月后小豚便能独立生活了，大约经过八九年才发育成熟。

　　白鳍豚是食肉动物，口中约有130个尖锐牙齿，为同型齿。常在晨昏时游向岸边浅水处进行捕食，一般以整条吞食体长小于6.5厘米的淡水鱼类为主，也吃少量的水生植物和昆虫。呼吸时，头部先出水，然后全部露出水面，在水面游动2米后，再入水中。

　　长着一双绿豆小眼的白鳍豚，几乎是个瞎子。它的视力几乎为零，和中华白海豚一样，全靠回声定位了解环境变化的情况。

江豚的微笑

　　别看白鳍豚的神态憨憨的，其实它可聪明呢。白鳍豚的大脑表面积要比海豚的大，大脑的重量约占总体量的0.5%，其中平均一只重95千克的雄豚，大脑重470克。这等重量已接近大猩猩与黑猩猩的大脑重量，甚至某些学者认为白鳍豚比长臂猿和黑猩猩更聪明。

　　据调查，在20世纪80年代初，白鳍豚的种群数量尚有约400头，

1980 年至 1986 年的调查结果是约为 300 头，到了 1990 年是约为 200 头，1994 年以后就不足 100 头了。进入 1990 年代以来，湖北沙市以上江段和江苏江阴以下江段已见不到白鳍豚的身影。进入 21 世纪之后，大多数专家认为，白鳍豚已经从长江里灭绝了。

在这个地球上，白鳍豚有好几个远方亲戚，例如亚马孙豚、印度河豚和恒河豚，它们都是世界上著名的淡水豚。这三种淡水豚运气比白鳍豚好，数量也比较多，因为它们都生活在人迹罕至甚至是没有人烟的地方。事实上，白鳍豚在长江水域里应该是没有天敌的。但是，没有想到在存活了两千多年以后，人类成了它们最大的天敌。一方面，长江的捕捞业之强大几乎让白鳍豚丧失了食物来源。而且在捕鱼的过程中，一些捕鱼的利器也会让白鳍豚死得很惨。加之长江的航运繁忙，严重地破坏了白鳍豚的声呐系统，导致其撞壁而死。另一方面，长江流域严重的水污染和大兴土木让白鳍豚的生存环境遭到了严重的破坏。

"流泪"的江豚

在长江里，白鳍豚还有一个模样很相似的邻居——江豚。江豚又叫"江猪"，也是生活在水中的哺乳动物，但和白鳍豚不属于同一科。江豚的全身均为淡蓝灰色，不同于白鳍豚的白色；而且它的吻部短而阔，也不像白鳍豚那样修长。江豚用肺呼吸，在大风大雨到来之前，

最美的鸟兽

因江面起雾气压变低，它们需要频繁地露出水面"透透气"。以前的渔民将江豚视为"河神"，只要江豚出来朝起风的方向"顶风"出水，俗称"拜风"，就意味着有大风暴要到来，这几天渔民是不宜出门捕鱼的。

目前江豚虽然还有一定的数量，但也面临着生存危机，我们不能掉以轻心，不能让白鳍豚的悲剧在江豚身上重演。